U0251647

四川大学哲学社会科学出版基金资助
四川新华文化公益基金会出版资助项目

中国符号学丛书 ◎ 丛书主编 赵毅衡 唐小林

符号与传媒
Semiotics & Media

打扮是人所特有的身体符号
它并非生理需求使然
而是文化语境中个体意识与他者交流对抗的结果
没有打扮就没有人类社会

打扮: 符号学研究

Semiotics of Making-Up and Body Decoration

贾 佳 著

四川大学出版社

责任编辑:王天舒
责任校对:吴近宇
封面设计:米迦设计工作室
责任印制:王 炜

图书在版编目(CIP)数据

打扮：符号学研究 / 贾佳著. —成都：四川大学
出版社，2017.12
(中国符号学丛书 / 赵毅衡，唐小林主编)
ISBN 978－7－5690－1494－5

Ⅰ.①打… Ⅱ.①贾… Ⅲ.①化妆－符号学－研究
Ⅳ.①TS974.12

中国版本图书馆 CIP 数据核字（2017）第 324335 号

书名　　打扮：符号学研究
　　　　Daban：Fuhaoxue Yanjiu

著　　者　贾　佳
出　　版　四川大学出版社
地　　址　成都市一环路南一段24号 (610065)
发　　行　四川大学出版社
书　　号　ISBN 978－7－5690－1494－5
印　　刷　郫县犀浦印刷厂
成品尺寸　170 mm×240 mm
印　　张　12.25
字　　数　214千字
版　　次　2018 年 4 月第 1 版
印　　次　2018 年 4 月第 1 次印刷
定　　价　46.00 元

◆读者邮购本书,请与本社发行科联系。
　电话:(028)85408408/(028)85401670/
　(028)85408023　邮政编码:610065
◆本社图书如有印装质量问题,请
　寄回出版社调换。
◆网址:http://www.scupress.net

打扮的人：序贾佳《打扮：符号学研究》

赵毅衡

　　贾佳做事干练，落笔如风，平时素面朝天，不施粉黛。看她从人丛中昂首走过来，告诉我她要做化妆打扮的符号身份研究，我差一点要说：你能吗？不喜欢化妆哪来亲身体验？商场里满满几层楼的牌子，你能识得多少？我本人视商场大厅为险途，匆匆穿过两眼昏花几乎绊倒。出于学界礼节，我忍住了没说，只是暗藏玄机地反问了一句：你肯定？

　　这就引来了贾佳滔滔的一席话，几年后变身成厚厚实实的一本书。照说就不用我再介绍。在此，我只是把当初说服我的一段话，重新记忆起来说一遍，相信你们同样会被说服，转而仔细读这本书。

　　这个选题的确很值得做，而且这一位的确是做这个题目的好人选：没有偏好某些品牌，反而可以对化妆的总体心有所得；没有沉溺反而能有距离，不然只是夸张某种好处做推销。这个题目需要一位冷静的观察者，一位富于同情的分析者。不然，谈化妆品的书，市场上汗牛充栋，都是印得美奂美轮，琳琅满目，多一本不如少一本。

　　应当说，这的确是个极其重要的题目，学界早就应该有人做郑重的研究，不仅是为了"大众喜闻乐见"，不仅是为了"繁荣社会经济"，不仅是为了"美化人民生活"，不仅是为了"转化为生产实践"。这些都是好理由，但不是学术研究的充分理由。恰恰因为这个题目太受欢迎，学理分析的冷静就格外重要。当然，在化妆这一题目上，做法兰克福学派式的批判，也来得太容易：大众趋之若鹜的"蚁群盲动"，背后必然可以找到资本的控制力量——资本金字大写在那里，根本不用寻找。

　　这个题目之所以极其重要，是因为化妆打扮是一种高度人性的行为，是一种凡人必有，而动物全无的"人类共相"。所谓"不打扮"的人，只是不"刻意打扮"的人，哪怕没有像善打扮者那么花时间用心思，脸总是要洗的，头发总是要梳理的，穿衣总是要得体的，不讲究也至少不能让人侧目而视。那就是说任何人都尊重一个打扮的平均数，避免跌破一个底线值。为何人人必定如此？

没有一个物种的动物会主动打扮，从而给自己一个新的解释。有些动物会改变外形"装饰自己"，猫会"洗脸"，猴会"理毛"，某些蜥蜴会变色，这些都是出于进化规律决定的物种生存竞争的必要。而人的打扮和身体装饰，是人脱离动物界的标记之一。这不是人类作为物种的基因，而是社会生活的必需，甚至可以反过来说：正是打扮的社会习性，使人脱离了动物界——打扮是人类"文明"的一个组成部分。

人必打扮，却对打扮的意义缺乏反思。一句简单的"人性爱美"，远远不能解释打扮中缠绕的种种复杂问题。可以说，打扮是人类文明的一个"黑箱"，一个我们知其然，而不知其所以然的生存方式。考虑到不同文明之间打扮的方式和标准相差极大，好多打扮的方式，在一个文明中得到赞美，在另一个文明中会被认为是丑恶，甚至是摧残人性的犯罪。再考虑到现代人在打扮上花的力气越来越多，花样越玩越多：我们花了大笔钱，花了大量时间，在做我们自己也不知道为什么要做的事，岂不羞愧煞人也？尤其是女性，似乎不打扮落的罪名更大，愧疚更深。

因此贾佳作为一个符号学学者，义不容辞地站了出来，为打扮做出一个符号学的深度意义解读。为什么要用符号学才能分析打扮？因为符号的定义就是"被认为携带着意义的感知"，而符号学就是意义学，打扮就是把感知涂在脸上，堆在身上，目的就是携带意义。要想穿透打扮这几千年的历史之雾，恐怕符号学是最犀利的剖析之剑。

我们作为社会的人，不敢离开自己的社会角色，打扮是让我们肯定自我身份的恭顺手段；我们又都害怕被困于一个意义身份之中，化妆又成了冲破自我局限的绝佳逃路。这就是有关打扮这一课题中的根本意义悖论。而贾佳用无穷的例子，用细致的分析，告诉我们作为人，如何在这个苦恼中挣扎，又如何在强制中巧用这个悖论。

前　言

　　这是一本讨论妆扮、着装抑或时尚的书，但并不是讨论穿什么、涂什么、戴什么就好看，而是探究为什么需要这么穿、这么涂、这么戴。人类的生活简而言之即衣、食、住、行，而整个人类文化意义也是围绕此而展开的。符号学既然是研究意义的学科，理应对此负起责任。本书着眼于符号学原理的基本知识，推演及历史、文化、文学，并配有相关对象的图片，通过视觉化的感知，解说打扮在不同语境之中是如何发挥作用的。

　　此书中的打扮概念是对人类"化妆""装扮""易装"等身体附加行为模式的统称。众所周知，语言被认为是最有效的意义传播方式之一，但人类社会交际中的绝大部分意义却通过非语言模式进行传达。作为一种非言语传播模式，打扮在社会文化生活中发挥了不可替代的作用。事实上，正是由于它无所不在，反而很难让人联想到打扮行为实际上所蕴含的深刻意义。

　　符号学也被看作意义学，符号恰恰是意义驻扎的唯一场所，是人类意义的表达形式。符号实物背后所代表的意义并非局限于使用性本身，更主要的是实用范围之外的延伸意义。从特定个体的打扮状况，不仅可以看出其自我定位、性格内涵、心理倾向，而且可以察觉个人的社会地位以及与他者等诸方面的内在关系，因此打扮行为可以被视为一种强有力的社会交际言语。

　　打扮现象伴随着人类产生而产生，其表现形式也随着人类社会的发展而不断地变化。因而，打扮现象可以作为研究社会文化的切入口，通过研究人类打扮的演变，探究人类存在的文化意义和生存状态。小说和电影文本作为与人类生活关系最为密切的艺术形式，能够为该研究提供大量的文本对象。与此同时，伴随着文学语言学的转向，对文学文本形式层面的解读也越发成为文本分析的一条新的研究支流。这一趋势丰富了传统的以文本内容为出发点的文本批评。

　　对一个事物的理解需要从其概念本身谈起。本书第一章针对"打扮"概念给出了定义，提出有且只有人类才存在打扮行为，并将此与动物的"拟打扮"行为进行对比。动物的"拟打扮"行为是生理需求使然的信号，人类的打扮才是具有意义再生性的创造性行为。如果说穿衣的最初目的是满足生理需求，那么打扮行为的出现则可以被看作艺术化的书写。第二章以打扮符号的纵轴发展为线索，即从时间的角度简单概括打扮存在的历史与社会文化背景，同时将其划归为艺术的重要门类之一，并从艺术符号的角度讨论打扮艺术倾向性意义的表达。符号学是意义的集合，为一切人类活动行为提供了解释的切入口。第三章从符号学学理出发，讨论不同符号学理论家的理论中所涉及的可以用以讨论打扮的符号学理论，从而明确了研究打扮符号学的可行性。此外，笔者尝试对诸多打扮现象进行符号学上的分类。第四章是本书的理论重点，将对象文本中的打扮符号所指称的不同时间和语境下的文化意义作为着眼点，着重研究了符号重复在打扮形成文化意义过程中的作用，并系统地分析了打扮的伴随文本、建构规律、时空选择、修辞意义以及去规约化的符号发展趋势等。第五章则将论述的重点置于打扮中的"自我"与"身份"的表达，主要从外在的社会属性和内在的自我认知两方面进行讨论分析。第六章着重将打扮中的"性别""易装"作为特例进行研究分析，并以符号学的标出性理论为切入点，分析人物主体的自我性别认知在打扮上的表现，以及通过打扮符号读者所能感知的主体自我和社会文化意义。当然，对打扮的研究离不开讨论其在当代文化中的地位和作用。打扮符号在当下作为时尚消费方式的代表，对经济发展的指示作用不可小觑。第七章则就时尚消费中所存在的"裙长理论"和"口红原理"做出符号学解读，进一步加深人们对打扮符号的理论认知程度。

目　录

绪 论

第一节 为何研究"打扮"

简而言之,"打扮"是对人类身体所有修饰性符号的统称,包括"化妆""装饰"等。这一行为伴随着人类文明的产生而产生,同时也随着人类社会文化的丰富而变化。打扮作为个体自我与社会沟通的一座桥梁,同时也是一种重要的非言语传播模式。

从某种程度上可以说,人类对自我文明的认知始于对自身的打扮,"在古老的山顶洞人的遗址中,就发现了装饰品,并且在山顶洞人的尸骨上,还发现撒有红色赤铁矿石粉,表明史前人类从旧石器时代晚期就开始美化自己"[①]。除了具有考古价值的史实案例,文学文本中也随处可见对打扮进行叙述的例子。从西方经典《圣经》中的伊甸园藤叶开始,人类就已经有选择性地对自我进行心理和身体的"包装",而这包装的背后就是人类对人类社群意义和个体意义的启蒙和认知。在中国古代经典中也不乏对打扮的描述。"女为悦己者容"是女性以取悦男性为目的而进行的自我打扮,女性作为打扮符号的发送者,她们的意图意义很大程度上受到作为符号接收者的男性态度的左右,而打扮符号在此所表现的则是具有目的倾向性的。

不可否认,语言是最经济和最有效的人类意义的传播方式。然而,事实上人类社会绝大多数的意义却是通过非语言进行传达的:"西方学者的研究表明,在人们的交际行为中,语言交际所传达的信息仅占35%,而65%的信息则是

---

① http://www.confucianism.com.cn/html/minsu/11294379.html. 2017 年 9 月 20 日。

通过非语言交际来传递的。"① 这些明确的数字资料表现了非语言交际的普遍存在性。如果说"身势语言"是主体在对话过程中手势和姿势的动态性参与，那么打扮话语则是在主体与对象对话形成之前就已经存在，并将持续存在的一种暗示性非语言。它与身势语言相比，具有意义的先天导入性以及意义的后续延伸性。先天导入性在于，打扮主体可以利用自我呈现的状况，对双方关系进行方向性指引；而意义的延伸性则在于，符号接收者可以对主体的打扮进行无限衍义式的意义阐释，打扮符号的整个意指过程最终是在对话中实现的。

对于两个陌生的对话主体，在还未形成有效的语言交际对话之前，主体对他者的第一认知必然源于对方外在的打扮情况，因此从某种程度上可以说，先入为主的主观情绪对引导双方进一步的对话和促进关系的增进具有指引性作用，其中，打扮符号恰到好处地完成了这个任务。符号作为意义驻扎的唯一场所，是人类意义表达的唯一形式，同时也决定了符号在对话关系中对意义解释产生的重要作用。

打扮符号首先体现出的是具有使用性的使用意义。除此之外，它所承载的社会文化以及个体差异意义，也是打扮符号重要的符号意义。从一个人的打扮，不仅可以看出个体的自我定位、性格内涵、心理倾向，而且可以察觉个人的地位以及同社会的内在关系。正如有的外国学者针对着装所做出的如下分析："衣服不仅仅是周身用以寻求保护的外衣，它更是同其他社会符号系统相互联结的一个符号系统，通过着装可以对诸多社会符号系统进行编码，例如情感、国别、态度、性别、年龄、社会地位、政治信仰等等。"② 不难理解为什么不同的社会群体倾向于按照自我社群的价值观，对自身的着装进行区别——通过特殊性的装扮风俗可以对诸多潜在的社会属性进行不证自明的言说，同时，这一行为又利于个体融入特定社群之中。这既表现出打扮向外的独树一帜，又呈现出其向内的统一性。因而打扮可以被看作一种强有力的社会交际言语。

亦如罗兰·巴尔特对时装意义所做出的言说："时装描述的功能不仅在于

---

① 程同春：《非语言交际与身势语》，载《外语学刊》，2005年第2期。

② M. Danesi, "Clothing: Semiotics", *Encyclopedia of Language & Linguistics* (Second Edition). 2006, pp. 495—501. 本书所引外文资料，如无特别注释，均为作者翻译，下不赘注。

提供一种复制现实的样式，更主要的是把时装作为一种意义来加以广泛传播。"① 抛开这种人类所创造的独一无二的打扮符号，文化意义的多义阐释性便受到削弱，人类区别于动物之为人的"文明"也会在很大程度上受到威胁。某种程度上可以认为，人类文明的存在是在"面具"的作用下产生的，"没有它们，人类依然能结婚、生子、死亡，但就不是文化式地结婚、生子、死亡，人类就过得不像文明的人，看来我们无法用真正面目生存于世，必须给自己戴上面具才有勇气自称文明"②。文明需要载体将其与野蛮有效地划清界限，而文化同样需要媒介作为载体向后代进行传承。打扮以其特殊的媒介形式将人类文明和文化有效地予以保存，因而，对打扮符号意义的探求绝不仅仅是对打扮主体个人化书写的研究，更是对人类文明符号的解码和传承。

全球化的文化语境下，多元文化和多元文明争奇斗艳，文学研究从来都不是完全被"经典化"文本所垄断的研究。在处理文学研究的过程中，越来越多的学者开始将文化研究囊括在内，与其说文学研究是针对文学经典的研究，不如说是对经典所承载的文化内涵的分析和阐释。所以，对文学经典的研究也可以看作文化研究的一道支流，研究者最终还是需要回归文化，并将文学研究和文化研究当作一个不可割裂的整体：在文化中研究文学，在文学中探索文化。

基于以上对文化研究和文学研究的整体认知，"对思想和艺术作品的文本分析应当和对它们所从属的社会制度和结构的分析结合起来"③。小说、电影文本中人物和情节的存在并非是作者、导演空穴来风的想象，它们的被建构具有天然的合理性。读者在分析考虑它们的时候，应当将文化语境作为潜文本纳入分析的范畴之中，即使是虚构的框架，也是在以真实为基础的舞台上搭建出来的。因此，小说与电影文本中人物的打扮符号意指并非简单地塑造人物形象，必要的时候有推动情节发展、奠定文本意义结构的作用。它们还发挥着潜在的社会功用作用，所以并不能将其看作脱离既定社会的文化属性而单独存在的文本。

---

① 罗兰·巴特：《流行体系——符号学与服饰符码》，敖军译，上海：上海人民出版社，2000年，第22页。

② 赵毅衡：《华夏文明的面具与秩序——读〈陇中民俗剪纸的文化符号学解读〉》，载《丝绸之路》，2015年第2期。

③ 罗钢、刘象愚：《文化研究读本》，北京：中国社会科学出版社，2000年，前言，第7页。

首先打扮行为是打扮主体对自我的言说，另一方面，也可作为个体背后文化语境的一面镜子。打扮自身所固有的符号性特质，决定了其作为研究社会文化切口的可能性。打扮现象伴随着人类的产生而产生，其表现形式也随着时代的更新而不断地变化。通过研究打扮符号行为的演变，进而可以探究人类存在的文化意义。生活中个体的打扮形式太过复杂，类型多样；而小说和电影艺术作为与人类生活关系最为密切的艺术形式，常常被看作映射大众文化的一面镜子，既没有真实世界中的纷繁复杂的讨论对象，又不失与生活的紧密联系。因而，本书引用了不少来自经典小说文本和电影文本之中的案例。其中，为何会着重涉及小说和电影中的打扮现象，主要有以下几点原因：

其一，文化意义的共享可以在小说和电影文本中得到最大化的体现。所谓的意义共享（shared meaning）是指在自觉的形式下各个团体所共有的统一的意义，而"共享"恰恰是人类获得统一意义的首要条件。只有当意义在整个社群中可以进行共享式传播，也就是说意义的载体获得了普遍接收性可能的时候，才能够确保符号意指的确定性。小说和电影艺术正在逐渐成为大众生活休闲消遣的主要方式，是与生活走得最近的艺术形式，每年都会有卷帙浩繁的文本出品，为研究小说、电影中的打扮现象提供了大量的对象文本。同时，从操作的可行性出发，小说文本的叙述又是有形且容易把握的艺术形式。打扮因时间、空间、文明、种族的区别而区别，差异性对把握打扮背后的统一意义造成影响，而小说和电影的存在恰是人类自我筛选的意义共享结果，这为集中讨论打扮意义提供了实践的可能性。

其二，在小说与电影等虚构艺术中可以实现建构打扮符号的大胆想象。尽管小说、电影文本是对生活的艺术化的描写，但因其虚构性的文学艺术形式，隐含作者和导演的超现实想象便能够超越生活的真实性，在虚构文本中呈现，从而更好地诠释文本的主旨。真实生活处于被社会建构的框架之中，很多符号行为已经被严格地打上了既定的烙印，其优势在于揭示了打扮背后所隐藏的社会文化意义，但限制了打扮多样性展示的可能。然而小说和电影恰恰可以很好地解决真实打扮受制于社会规约所带来的困扰。虚构艺术的特质决定了其研究对象可选择的广泛性，因为虚构艺术与真实世界隔有一层，所以艺术表意表现出一种在真实下虚构的特色。"艺术表意必然是'虚'与'非伪'的某种结合方式，两者不可能缺其一。"① 小说和电影艺术的虚构性并不排斥它们的真实性，这也是为什么将此种艺术形式作为研究对象的一大原因。

其三，小说和电影艺术作为大众艺术形式，可以使本研究在专业理论的基础上略显通俗化。尽管本书的理论基础是符号学，但鉴于是"打扮符号"这样生动、形象视觉化的对象，笔者希望本书不必过于枯燥，因而为了深入浅出，将大众喜闻乐见的小说和电影艺术作为分析研究对象，以使艰涩难懂的符号学理论略显生动，从而更加利于读者对理论的理解和吸收。

其四，小说和电影艺术中的叙述存在即为合理。在分析和研究一个小说或电影文本时，我们常常会将文本中的某个人物或文本的情感特质作为论述的重点，似乎打扮成了一个可有可无、用以凸显文本思想的装饰性存在。事实上，一部经典小说或电影中的叙述都不是赘述，其中任何一个对人物打扮的叙述或是一闪而过的装饰镜头，都起到了点睛之笔的作用，存在即为合理。看似无关紧要的一段描写却可以对人物性格发展、情节推动产生颠覆性的作用。小说与电影文本会涉及不同的符号行为，比如角色人物的设定、符号身份的选择及其打扮选择背后的文化意义等。这些都是打扮在文化符号学领域所发挥的作用。

此外，学术界对于人类身体意识（body consciousness）的研究和讨论也已经成为西方哲学研究的传统。身体意识就是探求各种形式和层次的身体意识，从转向开始，"身体问题是贯穿整个西方哲学和美学史的中心问题之一，可以说，整个西方哲学和美学史就是一部身体由'缺席'走向'出场'再到凸显的历史"②。早在西方绘画和雕刻艺术中，"身体"就成为被描摹的对象。艺术家喜欢专注于美化身体的外在形态，而哲学家也乐此不疲地将身体所投射出的意识作为讨论的对象，这些都源于"身体最清晰地表达了人类的道德、不完整性和弱点，因此，对于我们大多数人来说，身体意识主要意味着不完备的各种感情，意味着我们缺乏关于美、健康和成就的主导思想"③。

对身体意识的发现导致人们对身体美学的研究产生极大兴趣。"身体美学"

---

① 赵毅衡：《艺术"虚而非伪"》，载《中国比较文学》，2010 年第 2 期。
② 韦拴喜：《身体转向与美学的改造——舒斯特曼身体美学理论研究》，陕西师范大学博士学位论文，2012 年，第 1 页。
③ 理查德·舒斯特曼：《身体意识与身体美学》，程相占译，北京：商务印书馆，2011 年，前言，第 4 页。

（somaesthetics）作为专门的研究，最初是由美国学者理查德·舒斯特曼（Richard Shusterman）提出的。身体美学可以被定义为，通过将身体作为审美欣赏和创造性自我塑造的所在地，对主体经验进行批判的改良性的研究。而打扮对象作为人类身体不可或缺的言说对象，也被哲学家们看作身体美学的主要研究范畴之一。在身体美学研究中，打扮现象可以被划归为表象身体美学（representational somaesthetics），倾向于关注身体外在的或者表面的形态。"化妆技术（从美发造型到整形手术）显示了身体美学的表象性一面"①，基于此，打扮又被看作实用性身体美学的范畴，人类设计并应用了大量实用性方法来改善我们的身体体验和应用，其中打扮通过改变身体的局部或表面，对身体的整体产生影响。尽管打扮仅仅对身体部分进行改造，这种局部的变化却可以改变个体的整体精神气质，从而实现整个身体意义呈现质的变化。

因此，身体美学也致力研究相关的知识、论述以及产生身体关怀和促进身体美学发展的相关规律。身体美学的出现，将人们的自我意识由最初对形而上的道德美学的关注，转向实体存在的"身体"现象本身。因此，关注身体本身的美学传统，被视作20世纪西方哲学和美学转型的一个关键点。

在传统的哲学和文学范畴中，人们常常会将心灵和德性置于较高的地位，而身体则因为其实体有形的存在，成为最后才被关注的欲望载体，在西方，"希腊哲学有一种贵族化的倾向，它全神贯注于理想的目的而蔑视物质手段，将物质手段视为体力劳动的必需品。伴随着柏拉图及其后学的出现，这种倾向导致哲学不断声讨身体，排斥身体对于人类的重要性和价值"②。在东方，中国儒家的传统教化更是将个体的精神概念推崇到一个无以复加的地位。不可否认，所有意识的产生必然是"发于中而形于外"的。而且，对"身体"本身的关注也是人类对所处的周遭环境的重视，"身体是我们身份认同的重要而根本的维度。身体形成了我们感知这个世界的最初视角，或者说，它形成了我们与这个世界融合的模式"③。而打扮恰恰可以以一种无意识的方式，对身体本真

---

① 理查德·舒斯特曼：《身体意识与身体美学》，程相占译，北京：商务印书馆，2011年，第43页。

② 理查德·舒斯特曼：《身体意识与身体美学》，程相占译，北京：商务印书馆，2011年，第15页。

③ 理查德·舒斯特曼：《身体意识与身体美学》，程相占译，北京：商务印书馆，2011年，第13页。

的感知进行有意识的呈现。本书部分的研究目的就在于将这种人类内心的无意识进行有意识的呈现，在打扮领域进行符号学学理上的剖析，从而以一种可感的有形的方式探求身体的无形意识想象。与此同时，有形的外在打扮在某种程度上可以反过来对主体的意识建构产生影响，"在我们文化的顽固且占主导地位的二元论中，精神生活通常是与我们的身体体验尖锐对立的"①。在传统的研究中，身体的不在场被看作精神在场的佐证，而当下对打扮的重视恰到好处地将二者完美地结合在一起，思想表现于外形、打扮，而打扮的实体性存在又是身体的一部分。文化中"精神"和"身体"的二元对立在打扮这里形成完美的二元统一。

　　除了身体美学将打扮作为研究对象，其他相关学科如艺术学、人类学也会对其有所涉及。此外，打扮作为突出的身势符号，也是符号学理论所关注和讨论的重点。事实上，自从语言从形式主义研究中独立门户以来，符号学研究始终处于一个尴尬的境地，由于历史原因，学者们并不能将其同语言学与形式主义完全割裂，导致很多文化符号学研究都是从语言学着手，陷入有限讨论的圈子之中，而不能从内容以及研究方法之上对文化符号学研究进行突破。纵观所有符号学理论大家，对打扮叙述有符号学论述者凤毛麟角，只有罗兰·巴尔特在《流行体系》中从杂志的服装体系出发进行了相关论述。这也是打扮叙述的文化符号学研究亟待发展的原因之一。符号学理论已经发展有百年了，理论的纯熟迫切需要实践内容的填充。

第二节　"打扮"研究的历史与现状

　　通常意义上，对打扮的传统研究集中于讨论刺青、文身、皮肤穿刺、服饰搭配以及其他打扮艺术的独特的呈现方式，及其所在语境中的特殊的文化意义。这些研究大多数着眼于对某一特定打扮的文化历史考证，以时间作为讨论对象的划分界限，针对不同时期同一地域或种族的打扮进行研究；以空间作为讨论对象的划分界限，涉及同一空间地域范围下所涵盖的与打扮相关的地域风

---

　　① 理查德·舒斯特曼：《身体意识与身体美学》，程相占译，北京：商务印书馆，2011 年，第 12 页。

俗、巫术等传统。与国内的相关研究相比，国外的诸多研究对该命题研究比较充分，并且成就相对显著。

而就打扮这一研究范畴来看，人们对它的关注度是随着对文化研究的重视而发生变化的。文化研究是国际学术界研究的新趋势，甚至被看作"后现代主义之后学术发展的主潮"①，而以文学方式探求文化研究的线索是两个学科融合的具体表现，"从 20 世纪 60 年代英国一批马克思主义学者的倡导算起，文化研究在欧美已经经历了大约 40 多年的发展"②，国内研究界也在逐渐跨出文学研究所圈定的历史经典框架，并将眼光放诸更加广泛的文化语境之中。文化研究具有关注当代文化、以影视为媒介的大众文化、亚文化等特点，而打扮作为人类身体的一部分，其所传递的意义早已突破了实用性工具的范畴，而被包裹上了文化符号的外衣。

（一）国外研究现状

打扮在社会文化层面可以被看作大众文化以及亚文化的一面镜子。在小说和电影文本中，打扮作为人物的身体语言，在言说人物的内在心理与外在形象的同时，也是对文本的文化背景的反映。西方对身体的研究可以追溯到启蒙运动时期的笛卡尔，"笛卡尔对身体的讨论是理解近代以来身体的认识论地位的关键。笛卡尔在《第一哲学沉思集》中，首先提出身体的本质和存在是不能确定的，怀疑由身体向整个外部物质世界展开"③。笛卡尔之后很长一段时期身体都是被批判的对象，"到尼采、福柯和德勒兹以后，身体颠覆了从属地位，并日益与哲学、人类学其他社会学科相结合，成为一个重要的批评场域"④。而针对身体所反映出的问题，学者也更加积极地进行思考和研究，因此身体相关的领域更加广阔，其中符号学与身体研究的结合就是一个新兴领域，而对打扮的研究恰恰是其中重要一环。

事实上，打扮只是身体的一部分，甚至根本算不上身体本身，但却可以小

---

① 罗钢、刘象愚：《文化研究的历史、理论与方法》，选自《文化研究读本》，北京：中国社会科学出版社，2000 年，前言，第 1 页。

② 罗钢、刘象愚：《文化研究的历史、理论与方法》，选自《文化研究读本》，北京：中国社会科学出版社，2000 年，前言，第 2 页。

③ 郑天喆：《从身体存在论证看笛卡尔的身体观》，载《黑龙江社会哲学》，2009 年第 1 期。

④ 谭永利：《当代文化政治语境下的身体范畴研究》，载《国外文学》，2016 年第 3 期。

见大。它以一种不可替代性紧密地包裹着身体，是了解身体意识的第一道门槛。从符号学角度对打扮进行研究可以追溯到罗兰·巴尔特（Roland Barthes）。自从巴尔特在《流行体系：符号学与服饰符码》（Système de la mode，1967）中明确地将服装作为符号系统进行研究以来，学界就已经有了"服装符号"（Clothing Semiotics）这一项专门研究，而且越来越成为符号学和人类学家着重探究和讨论的领域。"过去（20世纪之前）对服装符号的研究集中于讨论时尚是如何作为一个时期的流行，来满足社会上那些已经获得金钱和地位的社会群体。到了20世纪晚期，社会科学开始逐渐看重时尚是如何作为社会批评的手段而出现的，人们开始讨论文化禁忌以及通过西方装扮来讨论整合的民族意识形态。"[1] 在对服装符号的研究中，鲁宾斯坦（R. P. Rubinstein）在《服装与时尚》（Dress and Fashion，1995）中讨论了服装作为社会符号对特定社会群体的指示作用，并着重讨论了流行服饰背后的符号学意义[2]；M. 丹斯（M. Danes）在《服装：符号》（Clothing: Semiotics，2006）中则直接从符号学角度对着装、身体以及时尚进行了分析[3]。除了从符号学角度对巴尔特以来所形成的服装符号进行分析研究，还有许多学科将"服装"作为研究的重点，例如人类学和心理学等等。戴维斯（Davis，1992）；恩宁哲（Enninger，1993）、克蕾克（Craik，1993）、霍兰德（Hollander，1998，1994）、麦克罗比（McRobbie，1998）、斯蒂尔（Steele，1995）、卢西亚诺（Luciano，2000）[4] 等学者，都对此做出过相关研究。

以上所涉及的与打扮相关的著作都仅限于对实际存在的服装本身的研究。当然，也有学者从人类学和历史学的视角对打扮进行研究，例如萨拉·彭德格斯特（Sara Pendergast）与汤姆·彭德格斯特（Tom Pendergast）的著作《时尚、服装和文化》（Fashion，Costume，and Culture，2013）从历史学和人类学角度，针对不同文明和民族不同时代的流行打扮，做了总结性的叙述。此外，还有专门研究身体艺术（body art）的艾米莉亚·琼斯（Amelia Jones），

① R. P. Rubinstein, "Dress and Fashion", International Encyclopedia of the Social & Behavioral Sciences, 2001, pp. 3841–3846.
② R. P. Rubinstein, "Dress and Fashion". Ibid. pp. 3841–3846.
③ M. Danesi, "Clothing: Semiotics". Ibid. pp. 495–501.
④ M. Danesi, "Clothing: Semiotics". Ibid. pp. 495–501.

她在《身体艺术/表演主体》(*Body Art/Performing the Subject*，1998) 中明确地提出了表演 (performance) 的反本质主义倾向。对琼斯来说，"自我"(self) 可以同时被看作客体 (object) 和主体 (subject)。而在《艺术家的身体》(*The Artist's Body*) 中，琼斯指出，"艺术家已经发现了身体存在的暂时性、偶然性和不稳定性，而且意识到身份并不是天生而有的品质，而是由文化内、外共同作用的结果"①。此观点与朱迪斯·巴特勒 (Judith Butler) 关于女性主体建构的"操演性"行为的论述有异曲同工之处，强调了社会话语对身份所起到的作用。

总之，国外学术界对时尚、服饰的研究不在少数，突出者亦不在少数。

(二) 国内研究现状

与国外打扮的研究相对较丰富相比，国内的研究略显弱势。国内对打扮符号的分析还仅仅是停留于对特定的打扮造型、舞台打扮和生活打扮的表现等具体的打扮类型的表层论述，并没有卓有成效的、系统而深入的对打扮的总体研究，更不要说从符号学角度对其进行学理性分析。关于研究的切入点，国内研究也更多着眼于生活中所存在的具体打扮的实体，并不参考小说、电影文本之中的打扮现象。打扮纷繁复杂，小说与电影艺术作为与生活交集最多的艺术形式，理应将打扮现象纳入考虑的范畴之中；打扮在参与文本建构的同时，也可以为读者和观众提供一种合理的想象。

分析和总结国内对打扮的研究，按照研究内容对其进行划分，主要可以分为四大类：第一类是针对少数民族服饰研究的著作，例如，戴平所著的《中国民族服饰文化研究》(1994)②；邓启耀所著的《着装秘语——中国民族服饰文化象征》(2005)③；杨鹓国所著的《符号与象征——中国少数民族服饰文化》(2000)④ 等。第二类研究是以时间为限定，具体研究特定时间内的打扮，比如，华梅所著的《人类服饰文化学》(1995)⑤ 介绍了人类服饰的演变及其文

---

① Tracey Warr and Amelia Jones，*The Artist's Body*，Phaïdon Press Limited，London，2000. p. 11.

② 戴平：《中国民族服饰文化研究》，上海：上海人民出版社，1994 年。

③ 邓启耀：《着装秘语——中国民族服饰文化象征》，成都：四川人民出版社，2005 年。

④ 杨鹓国：《符号与象征——中国少数民族服饰文化》，北京：北京出版社，2000 年。

⑤ 华梅：《人类服饰文化学》，天津：天津人民出版社，1995 年。

化意涵；周锡保所著的《中国古代服饰史》(1984)①，对中国历朝历代打扮的表现形式进行了研究。第三类研究是以空间为限定，具体研究某一空间的打扮，例如，许星所著的《中外女性服饰文化》(2001)②，对中外女性的服饰进行了系统的解读；贾峰的硕士论文《〈红楼梦〉服饰话语研究》(2014)③，探究了《红楼梦》中人物服饰背后的社会文化规约。第四类著作倾向于对特定的打扮类型进行分析，例如，宋俊华所著的《中国古代戏剧服饰研究》(2011)④，对中国古代的戏剧服饰做了系统解读。

从以上的总结和分类中不难看出，无论是国外还是国内，对打扮符号的研究大多停滞于实践层面。虽然不乏对某一类型的打扮进行大量的案例分析，并总结其中的规律，对特定的打扮进行"下定义"式解读，然而对其中所涉及的认知学、伦理学、符号学、艺术学等理论性知识涉猎不足。因而可以说，针对打扮的理论化研究有待进一步深入发展，而符号学角度的讨论更是亟待丰富。

文化就是一整套符号体系的集合，对人的研究也是对文化符号的研究，而符号学则是一种重要的认知理论和方法论。最初符号学的研究重心在于实现文本的符号运转，随着人们对符号学作为一种方法论意义的重视，其研究对象的范围也越发广泛，很多新的社会现象被纳入符号学的研究范畴之中。打扮行为在前文明时期就已经出现，但现今的打扮已经不仅仅是个体对自我的包装，更是一种社会文化趋势的反映。生活中，化妆产业和时尚消费的兴起也越发使得打扮成为一种"显学"。因而对打扮的研究不应仅停留于现象表面的分析，应当从理论的角度对人类的打扮心理（自我、身份）、打扮的流行趋势（"四体演进"规律）以及身体艺术符号体系的结构进行分析。这些研究必然涉及打扮艺术运转的文化背景、文化类型学等诸多问题。

第三节　研究思路与内容

本书将以搭建一个打扮符号学的理论框架为目标，并以大量的小说和电影

---

① 周锡保：《中国古代服饰史》，北京：中国戏剧出版社，1984年。
② 许星：《中外女性服饰文化》，北京：中国纺织出版社，2001年。
③ 贾峰：《〈红楼梦〉服饰话语研究》，南京大学硕士学位论文，2014年。
④ 宋俊华：《中国古代戏剧服饰研究》，广州：广东高等教育出版社，2011年。

文本资料为例证，在关注文本本身的同时，也不忽略其与文本之外的相关内容的关系，进而洞察其背后所蕴含的开放的文化意义。此研究系统梳理打扮的发展历史，从中总结具有规律性的实质，不仅是对现有符号学研究和体系的丰富，更是一次从人类虚构艺术中发现生活和自我真实性的过程。

本书所涉及的电影和小说文本中的打扮对象庞杂，例如文本中对人物化妆、服装、饰品等打扮的叙述。在已有的研究中，有相当一部分会涉及文本中具体的"意象"研究，例如徐江南的《苏童〈红粉〉意象的符码解析》① 重点分析了文本中反复出现的"高跟鞋""丝袜""内裤""旗袍"等意象在文本中所起到的解构崇高的作用。而本书则将文本中涉及的"打扮"现象看作总集合进行分析讨论，目的在于实践打扮符号的一般性规律。文学的存在，是将生活中的真实性用语言进行再现，并在转化的过程中使文本本身以及读者收获真实的存在感。小说与电影艺术中的打扮，则是从形式上对真实的一种转化，可以看作文学艺术化的一个表现方式。正如巴尔特所反问的那样："书写服装不也是一种文学吗？"② 打扮在小说和电影文本中的呈现不仅是文学书写本身，更是文化的表征。

与其说本书是对具体对象的研究，不如说是将具体对象用于符号学理论实践的成果。正如巴尔特在《流行体系》中所说的："日期在方法论上无关紧要，你可以选择任何其他年份。因为我们并不想着力描绘某一特定的流行，而是普遍意义上的流行。"③ 本书也是旨在从方法论角度对生活、小说艺术、电影艺术中的打扮进行整合。

由于本书的侧重点是符号学理论层面，而非某一特定文本，所以并不会对特定文本进行深度的解读和分析，或许这是此书欠缺的一方面，但也正是这样的割舍，才能够真正地实现一种方法论的实践。事实上，因为被选择的研究对象卷帙浩繁，而出于篇幅的限制，并不能将所有与此相关的文本逐一进行系统的分析，因而本书希望尽可能地的选择一定数量、具有代表性的文本作为对象

① 徐江南：《苏童〈红粉〉意象的符码解析》，载《安庆师范学院学报》（社会科学版），2014 年第 3 期。

② 罗兰·巴特：《流行体系——符号学与服饰符码》，敖军译，上海：上海人民出版社，2000 年，第 12 页。

③ 罗兰·巴特：《流行体系——符号学与服饰符码》，敖军译，上海：上海人民出版社，2000 年，第 10 页。

进行分析，进而从典型中找到一般普遍性，在理论例证必要处，则进行文本细读。

第四节　研究方法、重难点及创新之处

（一）研究方法

本书以符号学理论为研究工具，以理论导向为主，并以生活中的打扮现象结合小说、电影艺术中的具体文本对理论进行支撑，采用文本细读与个案研究法相结合的形式。

本书的初衷在于建构打扮符号学理论体系，因而对大量的对象文本的筛选和品鉴成为一大重难点。此外，符号学理论最初是从语言学和形式主义研究中走出并发展壮大的，其理论本身观点纷繁不一，例如索绪尔的二分式与皮尔斯的三分式等，都会成为本书研究的理论依据。然而，考虑到近年来符号学界对皮尔斯理论的推崇越来越高过索绪尔，诸多的理论著作也已经证实了皮尔斯三分理论的正确性，"一个世纪前皮尔斯为符号学打下的基础，已经取代索绪尔的符号学思想，成为符号学主流的源头"[①]。所以，本书所涉及的主要符号学理论源于皮尔斯的符号学。"当代中国文化理论正在经历深刻变局，其中一个重要变化，是形式转向。其中的重要学者则是赵毅衡先生。他的符号学和符号叙述学体系，为中国和世界文论打开了新局面。"[②] 因而，赵毅衡的著作《符号学：原理与推演》是本书研究的主要理论依据。

（二）重难点

本书面临的困难之一是构建一个行之有效的理论体系。"打扮"的意义范畴所涉及的学科广泛，如人类学、艺术学甚至心理学等。若将其作为人类学研究课题，则需要从图腾崇拜、史前文明开始进行考古式分析，与之相应的实物和史实资料也十分丰富，但这只会成为对"人类打扮史"的一次史实性研究，而并不能实现建构一个理论体系的目的。笔者更希望通过此书，对"打扮"有

[①] 赵毅衡：《回到皮尔斯》，载《符号与传媒》，2014年第9辑，第6页。
[②] 唐小林：《构建符号帝国：赵毅衡的形式—文化论及其意义》，载《当代文坛》，2013年第5期。

所深入分析，让此研究在达到理论高度的同时更，具有现实意义。

本书的研究对象决定了对打扮符号的研究不仅涉及符号学、艺术学、人类学等领域，此外，把电影和小说文本作为研究的切入点，因而与电影和小说文本相关的叙述理论也必然被划入虑的范围。此外，对打扮的梳理也并非局限于现当代，不同历史时期的不同打扮状况也要有所涉及，这就必然要参照人类文化史。综上所述，不难看出此研究对知识背景的要求很高，同时，正因为涉及的学科领域广，打扮研究所产生的影响也必然作用于这些相关领域。

对"打扮"概念的界定是个棘手的问题，会涉及一系列相关术语："化妆""装饰""装扮"等。"化妆"（make up）指"用脂粉等使容貌美丽"①，所涉及的主要是对面妆的把握；而"装饰"（decoration）由其定义可知指"在身体或物体的表面加些附属的东西"②，更多涉及化妆之外的衣装、刺青等外附属的装饰；"打扮"（dress up）的意义则相对较丰富，既有打扮的意思，也涉及通过化装进行身份扮演的成分，必要时也具有假装的意义③。通过以上分析，可以看出"化妆""装饰""装扮"等概念的范畴都比较有限，而"打扮"不仅涉及化妆等面部妆容，还包含衣装等附属性的身体装饰，更全面，也更加符合本书研究对象的范畴。

为了增加论述的说服力，本书涉及大量小说和电影文本，而不受限于具体的某一类电影或者小说。所以对对象文本的选择是一项比较棘手的工作，既要照顾到电影、小说这两种艺术门类，选择的文本不能过于狭窄，又要有针对性，这对对象文本的选择提出了较为严格的要求。小说和电影文本不胜枚举，如何在海量的对象文本中选取对研究有用，同时又具有代表性的对象文本，成为工作的难点。并不希望本研究成为一本枯燥的理论书籍，而是希望通过最接近生活的艺术形式来研究"打扮"符号。或许你对符号学并不了解，或许你只是对打扮感兴趣，本书的目的就是将你的兴趣与看似枯燥的符号学理论联系在一起，而小说与电影文本作为研究对象则有效地增加了论述的生动性。因而，

---

① 中国社会科学院语言研究所词典编辑室：《现代汉语词典》（第五版），北京：商务印书馆，2005年，第588页。

② 中国社会科学院语言研究所词典编辑室：《现代汉语词典》（第五版），北京：商务印书馆，2005年，第1793页。

③ 中国社会科学院语言研究所词典编辑室：《现代汉语词典》（第五版），北京：商务印书馆，2005年，第1792页。

笔者选取了比较大众比较经典的文本作为素材，包括由 IMDb 官方网站所评选出的排名前 250 的最佳电影[①]，以及豆瓣读书所评选出的一些最具影响力的小说等[②]。这些文本一方面具有大众性，另一方面又不失艺术欣赏性。

（三）创新点

本书研究对象的选取突破了以往集中于某一具体对象的限制，针对一类对象进行讨论。学界传统上对打扮的讨论，侧重于从精神层次对文本中的身体进行研究。无论是海明威《太阳照常升起》中人物的生理残疾，还是《查特莱夫人的情人》中身体的欲望式释放，《卡夫卡》中身体的病变等，分析现代文明作用于身体而导致精神畸形的论著卷帙浩繁。本书则避开生理、精神意义的身体，转而讨论外在实际身体的表现形式。相比身体美学中对身体整体意识的把握，本书对打扮的研究拓宽了对身体讨论的广度。

符号学是研究意义的学科，任何符号的存在无不是为了表达意义。这门对意义进行阐释的学科，直到 20 世纪 20 年代才逐渐为人们所认知。符号学作为"文科中的数学"，其发展之势已是不可抵挡，任何文化意义的角落都可以通过符号进行解读。打扮作为典型的符号行为，从符号学视域对其进行分析研究势在必行。

---

① http://www.imdb.com/chart/top/. 2017 年 9 月 15 日。

② https://book.douban.com/top250?start=0. 2017 年 9 月 15 日。

第一章　"打扮"的概念

第一节　动物也"打扮"

打扮是人类在历史发展过程中长久以来形成的行为模式，且与人类活动息息相关。正因为人类具有意识，能够通过意识活动实践意义，因而，我们能够很容易地认识到打扮行为的主体是人类自身。但不能忽略的是，在文化哲学史中，众多学者对人类的本质进行过探讨："亚里士多德说，人是政治动物；西塞罗说，人是社会动物；富兰克林说，人是会制造工具的动物；卢梭说，人是语言动物……"[1] 人与动物的关系总是这么微妙，在对打扮行为的研究中，动物也是不能忽略的主体。然而，我们真的可以将动物所呈现出的行为称为"打扮"吗？在讨论人的打扮行为之前，我们有必要从符号学角度对动物的"打扮"进行了解。

如果对打扮主体不加区分，我们很容易会将个体对自我外在进行的超乎一般的矫饰行为，判断为个体在进行"打扮"活动。在人类看来，动物也不乏存在对自己外在形体进行"矫饰"的行为：或是利用周身艳丽的色彩，或是突出个体的某个器官，更有甚者会像人类一样利用他物对自我进行"打扮"。

动物"打扮"的目的无外乎捕食、防御和繁殖。其中，通过伪装，动物可以有效地实现前两个目的。例如乌贼（如图 1-1），它们身体之中有一种特殊的色素囊，根据环境和情况的变化，色素囊能够迅速执行大脑所发送的指令，从而实现身体颜色的变化，来帮助它们快速捕食或者开启防御机制；又如，变

---

① 范景华：《人：追求生存自由的社会性动物——关于人的本质问题的思考》，载《南开学报》，2005 年第 4 期。

色龙是动物界的"打扮"高手，通过模拟周围的环境，它们（如图1-2所示）能够有效地进行捕食并实现自我保护的目的。由此可知，伪装（camouflage）是动物"防御性体色"①的重要作用之一，"……减少被捕食者检测和识别的风险，模仿其他生物的形态误导捕食者，或通过显眼的体色警示捕食者自己有毒不可食"②。

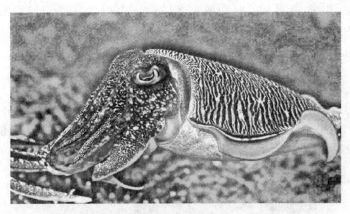

图1-1　乌贼③

图1-2　变色龙④

---

① 肖繁荣、杨灿朝、史海涛：《动物的伪装方式》，载《四川动物》，2015年第6期。
② 肖繁荣、杨灿朝、史海涛：《动物的伪装方式》，载《四川动物》，2015年第6期。
③ 图片来自：http://www.quanjing.com/imgbuy/mts05367622.html. 2017年8月30日。
④ 图片来自：http://www.quanjing.com/imgbuy/mf700-00170342.html. 2017年8月30日。

　　动物艳丽的外表以及看似精美的打扮有时却又是为了给天敌以威慑。这一"打扮"行为常常发生在体型较小的昆虫和爬行类动物身上。伞蜥（如图1－3所示）的脖颈处有一圈褶皱，如同人类用以装饰和保暖的围巾，学名被称之为"鳞状薄膜"。"这些鳞状薄膜是由伞蜥的舌骨所支配的，当伞蜥受到惊吓或是遇到天敌的时候，其口部大张，在舌骨的带动下，鳞状薄膜瞬间撑起至最大限度，左右两边各呈半圆形，从而就像撑起了一把伞。给对手一种错觉：伞蜥的头部瞬间增大。这副鳞状薄膜在闭合时呈黑色，受威胁撑开时则呈现鲜艳的颜色，可以增加震慑效果。"① 同样的情况也发生在猫头鹰环蝶（如图1－4所示）身上。猫头鹰环蝶因其后翅上大而鲜艳的眼状图案而得名。"猫头鹰眼睛图案的功能就是在欺骗捕食者，让对方误认为正有一只大眼睛动物在凶狠地瞪着它们。生物学家认为，这种图案或许还有一层含义，那就是蝴蝶下层翅膀是身体较弱的部分，这样的图案就是为了恐吓捕食者不敢轻易下手，至多也是攻击上层较硬的翅膀。"②

图1－3　伞蜥③

①　http://www.sohu.com/a/142618241_181847.2017年8月30日。
②　http://www.qudong.com/article/294885.shtml.2017年8月30日。
③　图片来自：http://www.sohu.com/a/142618241_181847.2017年8月30日。

图1-4　猫头鹰环蝶①

符号学理论有个经典的论断，"意义不在场才需要符号"②，符号表意的前提是意义不在场。以上动物所谓的"打扮"行为所表现出的恰恰是这一道理。无论是伞蜥艳丽的鳞状薄膜，还是猫头鹰环蝶骇人的眼睛纹饰，这些符号表意的实质是弱小者的语言。正因为自身的劣势，这些动物才需要通过"打扮"来夸张自己的能力，以震慑天敌，因而，这看似强大的彰显，事实上背后却是"强大"不在场的符号。

当然，动物"打扮"还有一个关系种族延续的作用——繁殖。动物世界有一个普遍的现象，雄性动物通常比雌性动物漂亮，无论是体型、颜色、显在器官，雄性较雌性都更突出。与雌狮相比，除了体型的优势，雄狮的脖颈处还有一圈鬃毛，而雌性狮子也更倾向于选择鬃毛浓密的雄狮，"拥有浓密的鬃毛不仅使得雄狮威武好看，而且是其性信号和武力的外在体现"（如图1-5所示）③。同样，雄鹿也会通过向异性展示巨大的角来吸引雌性进行繁殖（如图1-6所示）。而在鸟类中，这一差异则尤为明显。例如雄孔雀拥有极其繁复且艳丽的羽毛，而雌孔雀则逊色得多（如图1-7所示）。自然界中这一普遍的符号行为是雄性动物对自我身体强壮程度、优良基因的外在展示，而雌性具有选择权，自然而然对"打扮"突出的雄性更加有兴趣。

---

① 图片来自：http://www.qudong.com/article/294885.shtml. 2017年8月30日。
② 赵毅衡：《符号学：原理与推演》，南京：南京大学出版社，2011年，第46页。
③ 张田勘：《动物世界"美男横行"》，载《今日科苑》，2011年第22期。

图 1-5　雌狮（左）和雄狮（右）①

图 1-6　雌鹿（左）和雄鹿（右）②

---

①　图片来源：http://blog. sina. com. cn/s/blog _ e4c72acb0102w6jv. html. 2017 年 8 月 30 日。

②　图片来源：http://world. newssc. org/system/2008/12/09/011353062. shtml. 2017 年 8 月 30 日。

图1-7　雌孔雀（左）和雄孔雀（右）

第二节　动物的"信号"与人类的"符号"

通过以上的分析不难看出，动物的"打扮"从本质上来说是生理需求使然。为了获得生存空间，它们不得不对自我进行伪装，这是出于觅食和躲避天敌的需求；为了达到生殖繁衍的目的，它们需要通过"打扮"来吸引异性，从而加强自身在繁殖行为中的话语权。人类通过自身的视角观察事物，总是付诸自我的生活实践，而这也是我们对这个世界认知的重要方式。因而，当我们审视动物的外在形象和行为的时候，总是会将我们人类自己的现象和行为与之相类比，正因如此，才会将动物的体色、特殊的器官和行为当作其特有的"打扮语言"。然而，动物这些使人类"浮想联翩"的特殊行为符号，并非如我们所设想的那样富有意义性，从本质上来说，动物的"打扮"行为是一种生理机制作用下的"信号"，而非我们所要讨论的"符号"。正如在《裸猿》中有学者就指出，可以通过动物特定的体态特征，推断其生活习性："兀鹰取食时把头颈全都扎进血淋淋的猎物尸体之中，因此颈部的羽毛就掉光了；由此可以类推，狩猎猿的全身，也可能因其进食习性污染毛发而使毛发掉光。"① 动物的某些为人类所认识的"打扮"行为，实际上只是其为了满足生存和繁衍需求而进化出的应激性行为。

---

① 德斯蒙德·莫利斯：《裸猿》，何道宽译，上海：复旦大学出版社，2010年，第41页。

　　"动物的很多醒目特征、很多行为方式、分泌的很多化学物质以及由动物发出的大多数声音都可以被解释为是为了影响其他动物的行为而发展起来的一种适应，并经常被看作是动物的信号。"① 因而，动物发送信号的行为是为了影响其他动物的行为，从这一点来看，"信号"与"符号"又有些许相似之处。一个完整的符号，需要有"发送者""符号文本"以及"接收者"，这些元素的切分与"信号"异曲同工，信号也需要涉及信号"发送者""信号文本"以及"接收者"。那么是否可以说明"信号"就是我们所说的"符号"呢？"'信号'一词可以从字典中查出两个定义：第一，信号是用于交流信息的任何符号、姿态和标志等，第二，任何能唤起行动的事物都是信号。"② 本人更倾向于第二个定义，尽管动物的"打扮"行为也会存在与"符号"概念对应的"发送者""符号文本""接收者"等符号元素，但从"发送者"的目的出发，动物的目的具有纯粹的单一性和功利性，直接指向生存和繁殖。由于物种的意识理解能力的限制，与此相对的接收者对文本的阐释也同样具有单一性。而"符号"无论从符号发送者的目的出发，还是从符号接收者的阐释意义出发，都呈现出复杂的多意性。

　　符号学家赵毅衡认为，"符号是被认为携带意义的感知"③，因而意义必然通过符号发生作用，至于动物的行为是否能够"被感知"，仍然是个值得商榷的问题，但人类的感知能力却是毋庸置疑的。而这种能力是获得意义的前提，"简单地说，意义就是主客观的关联。事物之间的关联也是意义，但只是在意识把这种物-物关联当作一个事物，并加以对象化后才能形成意义"④，"对象化"是动物所不具备的能力。卡西尔对信号和符号做出过如下区分："信号和符号属于两个不同的论域：信号是物理的存在世界之一部分；符号则是人类的意义世界之一部分。"⑤ 划分"存在世界"和"意义世界"的标准便是是否拥有"对象化能力"。

　　简单来说，动物看似拟人的"打扮"行为，其意义指向具有单一性；而人

---

①　尚玉昌：《行为生态学（二十四）：动物的信号》，载《生态学杂志》，1990年，第9期。
②　尚玉昌：《行为生态学（二十四）：动物的信号》，载《生态学杂志》，1990年，第9期。
③　赵毅衡：《符号学：原理与推演》，南京：南京大学出版社，2011年，引论，第1页。
④　赵毅衡：《哲学符号学：意义世界的形成》，成都：四川大学出版社，2017年，第3页。
⑤　恩斯特·卡西尔：《人论》，甘阳译，上海：上海译文出版社，2004年，第41页。

类打扮行为的意义指向则具有复杂性。动物的行为或是为了捕食，或是为了御敌，或是为了吸引异性，这些特定的"打扮"信号与所承接的结果是一一对应的关系。而人类的打扮行为是复杂的社会性行为，打扮符号具有多义性，不仅仅是动物生理需求，更是人类的社会性需求。众所周知，按照达尔文进化论的观点，人是由动物进化而来的，正如恩格斯所提出的，"人来源于动物界这一事实已经决定人永远不能完全摆脱兽性，所以问题永远只能在于摆脱得多些或少些，在于兽性或人性的程度上的差异"[1]。人也同动物一样，具有"饮食男女"的自然属性，人类之所以区别于动物"兽性"的方面，在于其所具有的"社会属性"。

从另一方面分析，在打扮符号形成之前，人类的意识中就已经存有一个打扮的雏形。正如柏拉图所提出的"理念说"一样，任何一个现实生活中的存在都将有个先于其的"理式"（idea）为指导，我们可以将这种理式看作人类"意识中的预先筹划"[2]。马克思将人类建筑师利用头脑筹划的行为与蜜蜂建筑蜂房进行比较，说明了"人与动物在意义活动上的重大区别，就是实践之前，人在意识中预先筹划"[3]。这种建构符号之前的筹划意识，恰恰是人类区别于其他生物进行实践意义活动的一个重大特点。

"一个符号不仅是普遍的，而且是极其多变的。我们可以用不同的语言表达同样的意思，甚至在一门语言的范围内，某种思想和观念也可以用完全不同的词来表达。"人类的打扮话语意义极其丰富，由于符号发送者和符号接收者意识建构的内在心理和外在环境的差别，即使是同一个打扮符号，其表达的符号意义也千差万别。

在电影《遇见你之前》（*Me Before You*，2016）中主人公露绚丽的着装，以及千变万化的发型，是其阳光、开朗性格的表现（如图1-8所示）。作为因意外瘫痪的富家子弟威尔的护工，她十分希望给对方留下好的印象，正因如此，她对自己的穿着打扮极其上心。但在露看来，自己美丽、可人的打扮，在威尔的眼中并非那么美好。露最初的目的并不是通过装扮自己获得威尔注意和

---

① 中共中央马克思恩格斯列宁斯大林著作编译局：《马克思恩格斯全集》第20卷，北京：人民出版社，1963年版，第10页。

② 赵毅衡：《哲学符号学：意义世界的形成》，成都：四川大学出版社，2017年，第31页。

③ 赵毅衡：《哲学符号学：意义世界的形成》，成都：四川大学出版社，2017年，第31页。

好感，而是希望借此拉近两人的关系。打扮的社会性属性发挥的作用远远大于其生理性属性。

图1-8　电影《遇见你之前》（*Me Before You*，2016）中露的打扮

第三节　谁在"打扮"

上一节我们从动物的"打扮"行为出发，将其与人类的打扮进行了简单的比较，从而分析得出人类的打扮行为是意识活动参与的结果，而动物的"打扮"行为则更多是适应生存和繁殖需求的一种自然选择。因而，可以说动物的为我们所熟悉的"打扮"行为只能被称为"信号"，而人类的打扮表现才能被划归为"符号"。

以上分析着眼于动物以及人类两者"打扮"表现的内在机制，涉及"发送者""文本"以及"接收者"。而从表现的外在机制来看，二者的"打扮"手段也有诸多不同。

儒家经典《尚书·周书·泰书》曾说："惟天地，万物父母；惟人，万物之灵。"在儒家看来，人是万物当中最有灵性的，其主宰地位的获得也是因为他的灵性，即人类智慧的可创造性。王充在《论衡》中也表示过同样的观点："夫人在天地之间也，万物之贵耳者。"在打扮行为之中，人类充分发挥了其利用自然的创造性智慧。

人类打扮行为的产生首先是对自然存在物的直接利用，最早是在人类身体上直接进行装扮。卡都卫欧族妇女"……使用一支竹片，沾简尼巴波（genipapo）果汁在活人体上即兴作画，不看图案，不打草稿，也不用任何标位符号。"① 身体就是人类最早的打扮媒介，从部落文明开始人类就着眼于直接利用自然物对自我进行打扮。人类学家乔蒂·德威迪（Jyoti Dwivedi）在其著作《被隐藏的宝藏：印度族群部落的装饰》中分析了早期印度族群中的装饰品："在印度早期时候，人们手工制作的装饰物都是来自整个国家丰富的自然原料。植物的种子，鸟类的羽毛，树叶，浆果，水果，花朵，动物的骨头、爪子以及牙齿，任何可以从自然找寻到的事物都可以被人类汇集成为身体的装饰品。甚至今天，这样的自然饰品仍然被印度不同的部落社群使用着。"② 人类不仅直接从自然索取可以用以打扮的一切事物，而且还将自然作为最初打扮的内容元素进行呈现。斯特劳斯在《忧郁的热带》中记录了卡都卫欧族人的身体图案（如图1-9所示）："他们的脸，有时候是全身都覆盖一层不对称的蔓藤图案，中间穿插着精细的几何图形。"③

当然，人类除了可以直接利用自然对周身进行打扮之外，还有效地发挥了意识的可创造性，实现了自然物的可再生。例如，面具就是集合"皮革、头发、兽毛、羽毛、植物纤维、牙齿、角质、贝壳、串珠"④ 等成分而形成的具有一定审美和宗教意味的装饰物。随着现代化学工业的发展，人类拥有了从自然界中提取原料并合成色彩的能力，这样一来才成就了现在化妆品产业的繁荣。更有甚者，人类已经开始突破自然选择的局限性，从根本上对身体进行改变。有统计数据显示，"2000年美国有2000000人进行了整形美容"，"目前我国的整容手术每年以超过200％的速度增长。2004年，全国整容人数突破了100万人"⑤。美国文化学者丹尼尔·贝尔（Daniel Bell）曾在其著作《资本主义文化矛盾》中指出："当代文化正在变成一种视觉文化，而不是一种印刷文化，这是千真万确的事实。"⑥ 越来越多的人开始用一种视觉上的"快餐式"

---

① 列维－斯特劳斯：《忧郁的热带》，王志明译，北京：生活·读书·新知三联书店，2000年，第223页。

② Jyoti Dwivedi, "Indian Tribal Ornaments: A Hidden Treasure.", *Journal of Environmental Science*, Toxicology and Food Technology. 2016（10），pp. 1—16.

③ 列维－斯特劳斯：《忧郁的热带》，王志明译，北京：生活·读书·新知三联书店，2000年，第221页。

④ 莎列芙斯卡娅：《热带非洲面具》，张荣生译，载《美苑》，1985年第2期。

⑤ 周丽平：《医疗整形"热浪"背后的伦理探索》，载《中国集体经济》，2008年第4期。

⑥ 丹尼尔·贝尔：《资本主义文化矛盾》，赵一凡、蒲隆、任晓晋译，北京：生活·读书·新知三联书店，1989年，第128页。

的审美标准审视自我和他者，而这种心理的演变成为整容整形越发流行的主要原因。

图 1-9 卡都卫欧族人身上绘画的基本花纹[①]

人类的打扮行为从一开始，就已经深深地打上了社会的烙印。"从最早的时候，世界各地的部落文化就已经开始利用身体标记和装饰物来指示其部落成员的等级，确定精神图腾，表达对自然生死的崇拜，以及提高自身的性吸引力。"[②] 与此同时，人类的打扮在历史的时间轴上处于不断的发展变化之中，并在适当的时候实现回归和反复，"现代全球范围内重新开始流行的穿刺文身，早在部落文化和实践中就能发现其源头"[③]。但就人类打扮本身的意义而言，却因为时代和环境的变化而又有所区别。卡都卫欧族人喜欢在脸上、身体上进行绘画，"现在的卡都卫欧族人在身体上画画只是为了高兴，但在以前这种习

---

① 列维-斯特劳斯：《忧郁的热带》，王志明译，北京：生活·读书·新知三联书店，2000 年，第 221 页。

② R. C. Camphausen . *Return of the Tribal*：*A Celebration of Body Adornment*，*Piercing*，*Tattooing*，*Scarification*，*Body Painting*，Park Street Press，1997，preface.

③ Inner Traditions. *The Return of the Tribal Body Adornment Kit*，Rark Street Press，1998.

俗有其深刻的意义。按照拉不拉多（Sanchez Labrador）的描述，贵族阶级只画前额、普通人则整张脸"①。尽管卡都卫欧人对身体进行绘画的打扮形式仍然保留了下来，但打扮符号的意义却从部落等级划分的标记，发展到仅仅反映个人心情好恶。将动物的"打扮"行为与此对比，可以发现在生物演变的历史之中，动物的"打扮"行为变化不大，即使有所改变，也是为了生存而适应环境的结果。

与人类复杂且快速变换的打扮行为相比，动物的"打扮"变化则略显缓慢。例如，"哈佛大学的一位生物学家对美国东南部佛罗里达的海滩老鼠进行了一项研究，这种啮齿动物在 4000 至 6000 年的演化过程中逐渐让自己的毛色与白色的沙滩融为一体，自然的智慧赋予了这种海滩老鼠天然的伪装色。而在佛罗里达之外的荒原地带生存着的荒原老鼠，却不是那种沙白色。老鼠毛色的差异，反映出移居在不同地域的老鼠根据所处的环境，在不断的进化发展中形成了或深或浅的毛色"②。经过漫长时间的演变，动物才因生存环境的变化而逐渐完成生理上的适应，也正因为动物体态上的适应是自然选择的结果，所以不会像人类一样，有如此丰富和快速的身体外在变化。

丹尼尔·贝尔（Danie Bell）多次强调将人看作"一种独具远见的造化物，因为他能够想、并随之在现实中'具体'造出他想象的事物"③。人类可以发挥他们的想象力、创造力，并能够在实现打扮行为的结果之前，对自我行为进行能动性的预测。"人和动物有根本的区别，这就是人类'具有能高度发展的智能'，即以思维为核心的心理、意识。"④ 在对个体自身的呈现中，尽管与人类相对应的动物也会拥有色彩斑斓的外在形象，并且也会表现出如同社会人所存在的，通过个体之间的"打扮"行为进行"交际"的可能性，但其绚丽的色彩是自然选择的结果，其"打扮"行为也是为了实现生物体生存和繁衍目的，并不能体现出动物的自我创造意识。无论动物所表现出的行为模式与人类如何

---

① 列维－斯特劳斯：《忧郁的热带》，王志明译，北京：生活·读书·新知三联书店，2000 年，第 225 页。

② 陈思：《环境改变动物色彩》，载《大科技》（百科新说），2015 年 11 期。

③ 丹尼尔·贝尔：《资本主义文化矛盾》，赵一凡、蒲隆、任晓晋译，北京：生活·读书·新知三联书店，1989 年，第 79 页。

④ 唐自杰：《论人和动物心理的区别和联系》，载《重庆师范学院学报》（自然科学版），1993 年第 2 期。

相像，动物的"打扮"行为都不能被完全地称为"打扮"，动物的行为只能被称为信号，只有人类有意识、具有创造性想象的打扮行为才能够被称为"打扮符号"，打扮只能属于人类社会。

以上分析否定了动物存在打扮行为的可能性，打扮可以被认为是属于人类的具有特殊意义的行为。另外，仍然有两个概念需要澄清：我们这里所讨论的对象是针对"身体"的"打扮"而非"人体"，"身体"是具有灵性的存在，而区别于"人体"的单纯生物性状态。舒斯特曼也将"身体"（soma）而非"肉体"（body）作为自己分析讨论的对象，原因在于"与'身体'所联结的是那个富有生命力、情感、觉察力的，目的性的'身体'，而非仅仅是生理上那个单纯的肉和骨头的集合体"①。因此，"打扮"暗示了打扮本身并非单纯的冰冷的物体，而是凝结了人类自身情感和文化状态的动态过程。

正如上文重难点中所提及的，对"打扮"概念的界定成为研究的一大重点。简单来讲，打扮具有狭义和广义两种理解方式，狭义概念上的打扮是指"化妆"（makeup），人们将物质或是产品作用于人的身体，尤其是面部，以此提升自身的外貌形象和气质，从而达到满足打扮主体内心展示欲的目的；广义上的打扮则将"装扮"（adornment）的概念涵盖在内，通常来说，"装扮"包括衣服和饰品等在人体上的穿戴，用以提升穿戴者的气质或身份。事实上，无论是"化妆"还是"装扮"，二者都可以被看作人体艺术的诸多表现形式。笔者这里所讨论的概念是广义上的打扮，如果需要找一个对应的英文词汇，则"dress-up"相对比较接近此处所讨论的"打扮"概念，正是从打扮的定义出发，打扮可被看作是身体艺术的综合性表现。

可以说，在人类前文明时期，人类的打扮行为就已经悄然存在于社会之中，推动了人类的前进和发展。打扮在本质上从属于视觉艺术层面，是个具有广泛意义的概念，其意义的复杂性恰恰源于其在人类文明史上久远的发展历史。打扮最初的目的在于传递信息，无论是用以族群划分的氏族图腾打扮，还是为了在异性中获得进一步主动权的夸张配饰，都是从打扮符号的发送者的信息传达出发来理解。但随着时代和环境的变迁，打扮本身的表现模式和内容也

---

① Richard Shusterman, *Body Consciousness: A Philosophy of Mindfulness and Somaesthetics*. Cambridge University Press. 2008, preface xii.

在不断更新变换,打扮符号的附加意义也越来越丰富。通过打扮,不仅媒介主体可以实现自我信息符号的传递,符号接收者作为符号最终意义的解释和实现对象,其对打扮主体的反应也成为打扮符号意指过程成功与否的重要标志。

经过以上分析,不难联想到,当我们在讨论人类打扮行为的时候,动物也会对自身进行"打扮",但动物对"打扮符号"的选择是由其先天的基因所决定的,而非人类对意义符号的主动性选择。正如卡西尔所指出的"信号"和"符号"之间的天壤之别,信号指向物理或实体性的存在,而符号的功能性价值却是不可小觑的。所以需要强调,这里所讨论的"打扮"概念,特指人类所具有的,个体为实现自我理想形象,而通过对自身采用的一切可以用以形象塑造的行为的总称。

第二章　打扮的文化概念：艺术与自我想象

　　"艺术的起源，就在文化起源的地方"①，艺术从诞生之日起就携带了文化符号的标记，对文化的发生和发展具有同一的指示作用；与此同时，人类也逐渐利用艺术符号来建构新的文化。德国哲学家恩斯特·卡西尔（Ernst Cassirer）将除语言符号之外的神话、科学、艺术等都看作符号，并着重强调"艺术可以被定义为一种符号语言"②。毋庸置疑，打扮符号作为自我审美的产物，所承载的审美符号是已被编码的文化语言。同其他艺术形式一样，打扮"在对可见、可触、可听的外观之把握中给予我们以秩序"③。秩序的编码就是人类社会文化的编码，同时也是使整个人类社群得以有序运转的符号之一。

第一节　打扮的历史与现状

　　谈原始艺术，人类学家恩斯特·格罗塞（Ernst Grosse）具有绝对的发言权。他针对原始艺术的产生和发展收集了大量的史实资料，并做了考古式的详细研究。打扮作为人类早期艺术的主要表现方式，格罗塞将其看作艺术的重要门类之一，并在其艺术人类学著作《艺术的起源》（*The Beginnings of Art*，1894）中用一章的篇幅论述了原始部落"人体装饰"的具体表现方式，以及其装饰符号背后所承载的历史文化意义。

　　从生物学的角度来看，打扮的确具有十分重要的功能，它们提高了人类在最初恶劣环境中生存下来的可能性。"这个也是符号学理论中的指示（denotation）层面，在这一层面中指示对象（referent）被联系到它的生物学

---

① 格罗塞：《艺术的起源》，蔡慕晖译，北京：商务印书馆，1996年，第26页。
② 恩斯特·卡西尔：《人论》，甘阳译，上海：上海译文出版社，2004年，第212页。
③ 恩斯特·卡西尔：《人论》，甘阳译，上海：上海译文出版社，2004年，第214页。

功能上。"① 尤其是打扮中的着装，它指示了身体外在的保护性来源。正如维尔纳·恩宁格（Werner Enninger）所指出的，服饰、着装因为不同的地理环境的变化而改变："不同种类的服装的分布反映了不同的自然气候，而在不同天气情况下丰富的着装变化则反映了衣服的实际性和保护性的作用。"② 随着人类打扮的复杂化，着装也越来越偏离以生存为目的的实用性轨道，反而表现出更多具有特殊性的社会建构痕迹。

格罗塞认为，打扮出现伊始并非简单地被人们认为是"一种原始衣着"，它的存在已经或多或少地体现了人类的审美意识，是"一种装饰"③ 行为。此种打扮符号是主体自我完美形象的想象和追逐异性的生理冲动的外现。延伸到当代社会，打扮已经不再局限于此，在满足自我需求的同时它更为公共和社会话语所规约。原始社会时期，男性通过打扮对自身进行标出，而这种行为在将女性普遍视为打扮主体的当代社会中，却被认为是违反常理的。前者本质上为了生殖繁衍，通过打扮使自身标出，从而达到吸引异性的目的，而后者在吸引异性的同时，更进一步实现了自我与社会之间关系的建构。

正如上一章中所谈到的，动物在生命受到威胁或是在求偶的时候会表现出类似人类"打扮"的行为模式，但动物的"打扮"只是自然本性使然，是一种本能性行为。学界中仍然有不少学者将动物的应激行为视为与人类符号等同的一种反应，事实上，与其将此看作符号，不如称之为"信号"更为贴切，任何符号的载体"必须被感知，没有感知就不能是符号"④，而信号恰恰"是一种特殊的不完整符号，它不需要接收者的解释努力"⑤。动物并不会对他者的信号予以主动的能动性的感知，它们所做出的应激反应也只是出于天性，并不会因为周围信号语境的变化而进行调整。

人类不同文明和不同习俗中的打扮表现大相径庭。这种差异性主要归功于人类所特有的"人类殊相"（human particulars），即文明的多样性和特殊性的

---

① M. Danesi, "*Clothing: Semiotics*". *Encyclopedia of Language & Linguistics* (Second Edition). 2006, p. 496.

② W. Enninger, *Folklore, cultural performances, and popular entertainments*, Oxford: Oxford University Press, p. 215.

③ 格罗塞：《艺术的起源》，蔡慕晖译，北京：商务印书馆，1996年，第47页

④ 赵毅衡：《符号学：原理与推演》，南京：南京大学出版社，2011年，第55页。

⑤ 赵毅衡：《符号学：原理与推演》，南京：南京大学出版社，2011年，第54页。

表现，与之相对的概念则是"人类共相"（human universals），即人类所共有的意义组织方式。[①] 人类共相的内涵涉及全部人类，"不管文明是何种形态何种'程度'的，必定具有表达与解释意义的方式，而动物无论如何高级都不会具有这种属性。"[②] 由此可知，人类共相属于意义的普遍性层面，而殊相则属意义的特殊性面，特殊性则通过普遍性起作用。打扮属于人类共相中最明显的一类表征，任何一个民族都存在这一文化现象；但与此同时，不存在任何两个民族的打扮完全相同，这便是在不同文化背景下的殊相呈现。

图 2-1　班纳部落造型[③]　　　　图 2-2　苏尔玛部落造型[④]

① 赵毅衡：《论人类共相》，载《比较文学与世界文学》，2015 年第 1 期。
② 赵毅衡：《论人类共相》，载《比较文学与世界文学》，2015 年第 1 期。
③ 图片来源：http://sh.sina.com.cn/travel/message/2016-06-28/1823206408.html. 2017 年 8 月 15 日。
④ 图片来源：http://sh.sina.com.cn/travel/message/2016-06-28/1823206408.html. 2017 年 8 月 15 日。

图 2-3 长角苗族造型①

　　从图 2-1、图 2-2、图 2-3 所呈现的不同民族的打扮可以看出，尽管地域和种族不同，但人们都习惯性地对头部进行特殊的装饰，图 2-1 中埃塞俄比亚班纳部落的女性成员喜欢佩戴夸张独特的发卡作为装饰。图 2-2 中埃塞俄比亚苏尔玛部落的女性则喜欢将颜料涂抹在脸上，形成彩绘，并佩戴各种水果和鲜花，用以装饰头部。图 2-3 所反映的是在特殊场合时，中国的长角苗族女性会戴上巨大的传统头饰②。从这些装扮中不难看出，作为人类共相，打扮都会存在于不同的种族和民族生活中，甚至许多民族都不约而同地将头部作为装饰的主要对象；着眼于具体的装饰方式，我们又不难发现它们因为不同的文化而大相径庭，这便是人类殊相在打扮上的表现。

　　如果说打扮是人类的一个面具，那么它所具有的区别性的特点则源于其所从属的组合体。我们并不能够就打扮个体或单个面具说出其背后的意涵，但当放诸一个社会集合之中，它就具有了特殊的意义。正如人类符号学家克洛德·列维-斯特劳斯（Claude Lévi-Strauss）在《面具之道》中将面具存在的符号现象置于语义学中进行讨论："从语义的角度来看，只有放入各种变异的组合体当中，一个神话才能获得意义，面具也是同样道理。"③ 打扮的意义在一个公共的社会话语中才能够得到显现，一种类型的打扮则是对另一种类型的回

────────────

　　① 图片来源：http://sh.sina.com.cn/travel/message/2016-06-28/1823206408.html. 2017 年 8 月 15 日。

　　② http://sh.sina.com.cn/travel/message/2016-06-28/1823206408.html. 2017 年 8 月 15 日。

　　③ 克洛德·列维-斯特劳斯：《面具之道》，张祖健译，北京：中国人民大学出版社，2008 年，第 11 页。

应，不同的文化产生不同形态的装扮，并通过不同的装扮与他者区分开来。

简单来说，社会文化可以分为两方面："一方是属于个人心理性质的文化，另一方是属于集团的超个人性质的文化。"① 打扮符号恰到好处地将以上两个方面进行结合。通常意义上，打扮是属于个人自我心理认知行为的外现，而这种自发的认知恰恰是在超越个体文化背景的作用下才能够完成的，所以个性化的打扮便可以与"人类殊相"相联系，而集团中超个性化的集体想象则是社群中具有共通意义的文化，所以可以将其与"人类共相"相联系。

"文身"和"身体穿刺"是人类最早的打扮形式，正如达尔文所说"世界上没有哪一个民族没有过文身这一文化现象"②。"从考古学和人类学的研究资料来看，文身的习俗早在数万年前的旧石器时代就已经产生"③，而这种艺术形式在当时的社会却被看作普遍的日常行为。远古洪荒时期的各族人民将部落的图腾文刺于身体的皮肤之上，并以此来实践一种身份认同的归属感。而在当今社会，人们对文身的青睐也越来越普遍，社群性的认同归属感不再是文身所要彰显的意义，自由的个体化的自我则成为打扮艺术的表现内涵。基于对美的无限追求，当代有越来越多的人也开始尝试通过涂抹化妆品或是用化学物质对自然的身体进行充分的改造，从而达到理想审美的自我认知目标。打扮的演变与文明的发展同步，而其变化也是在时代的背景下越发的多样化、深入化和复杂化。

"野蛮民族"的打扮同现代文明的打扮相比有很大差异，在审美上也大相径庭。事实上，"世界很少有几样东西能像装饰品那样，在文化进展的过程中似乎变迁得很多，却实在变迁得很少"④。文明的程度并没有让我们摆脱打扮的基本形式：化妆品的涂抹无外乎是对原始面具的变异，戒指、耳环等活动装饰物也是源于原始民族的打扮物。装饰品的作用的发挥，在很大程度上在于打扮主体的审美创造力的变化。最初的装饰品无论是天然的染料还是动物的牙齿、皮毛都是来自自然界的馈赠，但当人类对其经过审美加工之后，这些天然的自然物便成为具有更多价值的艺术装饰品。不可否认，从最初开始，人类的

---

① 马凌诺斯基：《文化论》，费孝通译，北京：华夏出版社，2002年，第10页。
② 亨克·舒马赫：《文身的前世今生》，鱼秋草译，载《中关村》，2005年第3期。
③ 王沫：《文身及其历史溯源探析》，载《苏州工艺美术职业技术学院学报》，2010年第2期。
④ 格罗塞：《艺术的起源》，蔡慕晖译，北京：商务印书馆，1984年，第92页。

打扮行为就具有美化以及吸引性对象的作用，但同时也不能忽略其使得主体在众多对象中脱颖而出和恐吓威慑的作用，"无论哪一种，都不是无足轻重的赘物，而是一种最不可少和最有效的生存竞争的武器"①。

通常情况下我们会将打扮行为看作女性的自然权利，事实上，在文明初始阶段，恰恰是男性通过打扮来实现对异性的吸引。这一方面是由于母系氏族所确立的女权中心话语，另一方面在于男性生殖需求下求爱者地位的束缚，导致其必须通过打扮来吸引异性的关注，从而实现自我种族繁衍的目的。而在文明社会中，这种现象发生了反转，女人需要用打扮来赢得异性的求爱。此时，女性对自我身体的关注在于满足男权话语的需求，打扮成了被他者注视的一种外部模式。西蒙娜·德·波伏瓦（Simone de Beauvoir）认为"导致女性劣势的一个主要来源是她们对于自己身体体验的无知"②，而随着女性对自我内在意识的发现，她们也逐渐由满足男权社会的审视，到实现对自我内心和身体体验感知的关注。同时，在高级文明阶段中，打扮的意义已经不仅仅停留在吸引异性的生理需求层面，还表现为自我心理需求的一种满足："那就是担任区分各种不同地位和阶级"③ 的作用。在原始民族中地位阶级的差距并不是区别人与人关系的主要方面，也不存在必要的通过打扮区分的职务等级，而当代文明社会中不同的人和阶级之间的划分却可以通过打扮进行有效的辨识。

言语交际还未产生的时候，主体之间已经通过非语言交际进行了较为有效的对话："通过你的穿着暗示了你的性别、年龄和阶级，而且很可能给我提供了你重要的信息，关于你的工作、种族、性格、观点、品味、性喜好以及当时的心情等。"④ 打扮始终是族群的归属、宗教信仰、生活方式、审美需求的体现，更是族人自我实现方式最基本的表现。在实现了保暖的生理需求以及出于羞耻心等因素，人类开始尝试对自我身体进行包装，这种包装是面对自然的一种自发的生存手段。随着文明程度的加深，人类对自身打扮的需求也与时俱进，同前文明时代相比，此时期的打扮具有了新的形式和特点。

---

　　① 格罗塞：《艺术的起源》，蔡慕晖译，北京：商务印书馆，1984 年，第 109 页。
　　② 理查德·舒斯特曼：《身体主体性与身体征服》，载《身体意识与身体美学》，程相占译，北京：商务印书馆，2011 年，第 135 页。
　　③ 格罗塞：《艺术的起源》，蔡慕晖译，北京：商务印书馆，1984 年，第 81 页。
　　④ Alison Lurie, *The Language of Clothes*. University of Pennsylvania Press，Random House. 1981，p. 3.

当下的打扮符号在满足基本的生理基础需求之上，逐渐发展到考虑社会文化对人类打扮的规约性影响。而当代的打扮元素与前文明时代相比，最大不同在于所表现出的"美化"成分，即艺术性成分的增加。这种美化同族群时代所表现的种族意识不同，更多是个人主体意识的外现。打扮逐渐成为人类自我认知以及阶级身份的表征。符号被认为是携带意义的感知，打扮是对人类自身思想和心理意义探寻的一种感知方式。人类通过打扮塑造自我存在的另一种模式，是一种自我和社会的双向选择。

以上这种自我身打扮的选择方式在历史发展中，因时代环境的不同而分别具有具体时代特色的艺术表现形式。艺术哲学家丹纳（Taine）就曾明确提出，每种具体的艺术作品和流派只能在特殊的精神气候中产生。"时代的趋向始终占着统治地位。……群众思想和社会风气的压力，给艺术家定下一条发展的道路，不是压制艺术家，就是逼他改弦易辙。"[1] 如果说具有区别性作用的打扮是主体自我外现的表达，那么具有时代特性的打扮风格就是特定时期文化风格的精神标签。

第二节　艺术化：美化与艺术

日本研究服饰美学的学者板仓寿郎曾指出："制作衣服，并不是衣服本身的最终目的，打扮才是它的最终目的。"[2] 可见，当我们深入讨论打扮符号存在的意义时，实用性已经很大程度上被边缘化了，而艺术性的装饰作用越发成为该符号存在的意义。

格罗塞在《艺术的起源》中用一章的篇幅来论述"人体装饰"，用丰富的例证说明了装饰行为是原始人生活不可缺少的一部分。格罗塞认为可以将人体装饰分为固定装饰和活动装饰两类，其中固定装饰是刺文、穿环等，而活动装饰是指穿戴在身上的可以进行拿取的附属品。有的史学家会将原始人的画身看作其衣装的一部分，事实上，"除那些没有周备的穿着不能生存的北极部落外，一切狩猎民族的装饰总比穿着备受注意，更丰富些"[3]。所以，格罗塞得出结

---

① 丹纳：《艺术哲学》，傅雷译，南京：江苏文艺出版社，2012年，第41页。
② 板仓寿郎：《服饰美学》，李今山译，上海：上海人民出版社，1986年，第51页。
③ 格罗塞：《艺术的起源》，蔡慕晖译，北京：商务印书馆，1984年，第42页。

论：原始民族打扮的"主要目的是为美观"①。

　　而对于"美"的讨论，在西方早有传统。在传统的西方哲学中，柏拉图从哲学的高度对美和艺术进行了分析，"美"的概念源自永恒性的美本身②。在柏拉图的眼中，美的本质在于"美"本身，所以人类对美的概念的追求从具有自觉性开始就从未停止过。通常情况下，打扮的美化成分具有实用性目的。为了某一具体的目的而对身体进行美化，这种行为推动了打扮的产生和系统化。前文明时期的人类，周身美化的主导权在于男性。男性通过画身、刺青、活动装饰等对身体进行美化，从而功利性地"得到异性的喜爱"③。文明时代推动了社会关系的复杂化，打扮具有目的性的实用主义倾向并没有消失，而是也开始变得更加复杂和多元化。它的装扮性功能也越发在社会关系上发挥作用："服装的基本的符号功能在于装扮。它可以意指人在生活中扮演的社会角色（警察、医生、营业员、囚犯），正在从事的活动与活动有关的环境（结婚礼服、晚礼服、工作服）以及心情（节日的盛装、显示自己形体美等）。"④

　　因部落习俗、驱魔巫术等社会文化性原因，除了吸引异性，部落男性的打扮还具有一个重要作用，在于对族群文化习俗进行表征。"穿鼻也是使少年'变为成人'的仪式中的一部分。"⑤各种颜色的涂文背后所赋予的文化内涵也是随着种族的变化而变化的，"黑色涂绘对黄色美洲土人和黑色澳洲土人的意义是不相同的"⑥。现如今，在尼日尔萨赫勒（Sahel）地区的沃达贝族人（Wodaabe）每年都会为了求偶而举行世界上最激烈的选美大赛——格莱沃尔求偶节（Gerewol）。在该节日上，族人中的男性会穿戴特殊的打扮，"参加选美的男子在脸上涂上红泥，使用黑色眼线膏凸显他们的眼白，配上口红以炫耀他们的雪白牙齿。……他们还将白色鸵鸟羽毛戴在头发上，那会让他们看起来身材更高。他们的鼻子上也画有白色条纹，让鼻子看起来更挺"⑦。（如图2-4所示）

① 格罗塞：《艺术的起源》，蔡慕晖译，北京：商务印书馆，1984年，第47页。
② 柏拉图：《柏拉图全集》（第1卷），王晓朝译，北京：商务印书馆、人民出版社，2003年，第110页。
③ 格罗塞：《艺术的起源》，蔡慕晖译，北京：商务印书馆，1984年，第72页。
④ 胡妙胜：《戏剧演出符号学引论》，北京：中国戏剧出版社，1989年，第114页。
⑤ 格罗塞：《艺术的起源》，蔡慕晖译，北京：商务印书馆，1984年，第62页。
⑥ 格罗塞：《艺术的起源》，蔡慕晖译，北京：商务印书馆，1984年，第51页。
⑦ http://www.zj.xinhuanet.com/photo/2015-07/08/c_1115857380.html,2017年4月20日。

图 2-4　沃达贝族人的节庆打扮①

出于特定的目的，或是生殖需求，或是符合部落固定的仪式风俗，前文明时期或者部落中个体的打扮常具有明显的功利性色彩。但这并不是说文明社会中的人类就使得打扮行为变得非功利性，大多数情况下当代社会人的打扮首要反映的也是实用目的。文明社会的打扮主体从男性转移到女性，虽然名义上的求爱者是男性，但往往是女性对自我进行美化从而博得男性对自己的青睐②。此外，文明社会高度的社会性也决定了打扮越发被社会规约所决定的现实。"符合学生身份的打扮是不化妆、不染发，而对于职场中的白领则以淡妆作为主要的工作妆，舞台上的舞者则以浓艳的舞台妆为自我形象的表现。"③ 文明时代明确的社会分工，对个体的身份有了更加清晰的划分，美化的实用性因社会生活的需要而继续存在。

打扮的美化作用多是出于实际功用的目的，而随着打扮的演进，如今已经发展出了完全艺术审美的打扮，比如彩妆、人体彩绘、仿妆、个性服装秀等。相较于实用的衣装饰品，这些打扮更明显地表现出艺术性。尽管在前文明时期，部落的族人也会因为风俗庆典等原因对自我进行"艺术性"的打扮，但从本质来看，他们的这种选择是在族群风俗规约下的集体意识的体现，带有很强的目的性。而当今的彩妆、人体彩绘等却在功利的目的性基础上增加了艺术性的成分，使得打扮的内涵更加丰富。

①　图片来源：http://www.zj.xinhuanet.com/photo/2015-07/08/c_1115857380.html. 2017 年 4 月 20 日。

②　格罗塞：《艺术的起源》，蔡慕晖译，北京：商务印书馆，1984 年，第 80 页。

③　贾佳：《"化妆"的符号学研究》，载《四川戏剧》，2016 年第 4 期。

　　艺术作为一种"有意味的形式"①，是艺术家审美方式的外现，具有绝对的主观性。如艺术化的打扮，其存在并非完全了为满足实用性目的，或许是对社会生活元素的再现，但再现当下的同时它更是艺术家自我想象的产物。当艺术家求助于生活感情而非审美感情的时候，就需要使用再现手法引起读者的同情，而这"往往是艺术家低能的标志"②。所以艺术性打扮是艺术家抽象意味的形式外现体，与生活的实在性有一定的距离。

　　如果说打扮的作用在于打扮主体对自我身份的认知，艺术性的打扮所表达的内涵就是化妆师或服装设计师的意识形态，而非纯粹的打扮主体自我意识的体现。但是，以上所提出的这两种艺术形式的创作者，也并非仅仅是通过艺术性的打扮，单纯地让被打扮者展示创作者的自我艺术审美，他们也希望自己的艺术作品能够使观者产生共鸣："艺术给予观众和听众的效果，绝非偶然或无关紧要的，乃是艺术家所切盼的。"③

　　或许艺术作品很难引起观者实际上的审美情感的流露，但这丝毫不影响艺术家对艺术的把握力，因为在他们的世界里"艺术家从事创作，不仅为他自己，也是为别人，虽则他不能说美的创作目的完全在感动别人，但是论到他所用的形式和倾向，则实在是取决于公众的——自然，此地的所谓公众，并非事实上的公众，只是艺术家想象出来的公众"④。想象出的公众承担了艺术符号接收者的任务，让艺术的"产生—传播—接受"过程能够完整地实现。所以从某种程度上可以说，艺术化的打扮并非需要寻求实际意义上的"读者"，只要身为艺术创作者的艺术家能够实现自我审美情结的圆满，整个艺术符号的表意过程也就完成了。与大多数功利性的打扮相比，化妆师或服装设计师手中的作品更多展现出的是一种非功利性，是一种艺术的想象，更是一种艺术理念的实践，而非是为了寻求优越感或是吸引异性的功利性尝试。

　　"人体彩妆"这一艺术形式，在西方被称为"mehndi"，是指在身体表面进行艺术创作的一种人体艺术的表现方式。如图2-5的人体彩绘《睡莲》，艺术家不仅在模特身上绘制了睡莲的图案，更是用睡莲叶子的模型附加在人体

---

① 克莱夫·贝尔：《艺术》，马中元 周金环译，北京：中国文联出版社，2015年，第3页。
② 克莱夫·贝尔：《艺术》，马中元 周金环译，北京：中国文联出版社，2015年，第11页。
③ 格罗塞：《艺术的起源》，蔡慕晖译，北京：商务印书馆，1984年，第39页。
④ 格罗塞：《艺术的起源》，蔡慕晖译，北京：商务印书馆，1984年，第39页。

上，使之合二为一，达到自然与人体的交融。

图 2-5 人体彩绘《睡莲》①

前文明时期的打扮，无论是为了吸引异性，还是出于族群风俗文化的需要，都具有明确的目的实用性；文明时期的绝大部分打扮延续了前文明时期的实用性。作为打扮主体的符号发送者将个体意向投射于符号的接收者，目的在于获得对打扮的同一性解释，从而完成符号意指的全过程。

与实用性的打扮相区别，文明时期的另一类打扮则表现出实用性向艺术性偏移的倾向，在获得更多艺术符号元素的同时，其实用性削弱。与具有实用目的性的打扮不同，艺术化的打扮侧重于符号发送者（化妆师、设计师）对自身艺术作品的意义和概念的表达，而非将接收者的解释放置于考虑的第一位。所以，可以说艺术性打扮是当代打扮发展的新趋势，而随着社会多元化和开放性的加深，实用性打扮也越来越向艺术性打扮偏移。因而，将以上打扮的发展趋势进行汇总，按照打扮艺术的表现方式和其符号意义的呈现手段进行一一对应，可以形成如下表格：

① 图片来源：http://www.jiastudio.net/news/fashion/464.html. 2017 年 4 月 20 日。

表 2-1　打扮的表现方式与符号意义的关系表

前文明时期	文明时期
实用性打扮	艺术性打扮
目的性强	目的性弱
指向符号接收者	指向符号发送者

打扮最初是从满足实用性保暖需求的遮蔽物发展而来，人们之后意识到它的美化功用，尤其是在提升对异性的吸引力方面，希望通过打扮达到性吸引的目的；继而打扮又具有发展成艺术符号的趋势，尤其是越来越多的人体行为艺术，并表现出一种泛艺术化趋向。当打扮摆脱了实用性的枷锁，其非功利性的艺术审美越发成为一种主流趋势，化妆师或服装设计师通过将自己的艺术理念付诸实践，推动了大众对流行打扮看法的进一步更新。

第三节　打扮与文化符号学

符号学（semiotics）源自希腊语"semeiotikos"，是对意义（sign）的解释。符号学作为一门研究意义的学科，同时也涉及对符号系统的研究。[①] 但其最初受到学术界的关注，是被看作结构主义的分支。"符号学真正摆脱其侍从地位而成为专门研究符号意指活动的独立学科，还是 19 世纪末 20 世纪初的事情。"[②] 事实上，符号学并非单纯讨论形式问题，更注重符号背后的意义表征。所以，"我们可以说符号学是研究意义活动的学说"[③]。而人类的行为活动总是可以分为身体和精神两部分，"精神"是意义活动的体现，诸如打扮这些身体性的行为，"……渗透着社会的、认知的和审美的意义"[④]。

人们对符号学的认知源于两位符号学家：索绪尔和皮尔斯。费迪南德·索绪尔（Ferdinand de Saussure）开辟了符号学的"语言学模式"[⑤]，并提出了符

[①]　Paul Cobley and Litza Jansz. *Introducing Semiotic*. Cambridge：Totem Books，1997，p. 4.

[②]　丁尔苏：《符号学与跨文化研究》，上海：复旦大学出版社，2011 年，第 9 页。

[③]　赵毅衡：《符号学：原理与推演》，南京：南京大学出版社，2011 年，引论，第 3 页。

[④]　理查德·舒斯特曼：《救赎身体反思：约翰·杜威的身-心哲学》，程相占译，载《身体意识与身体美学》，北京：商务印书馆，2011 年，第 258 页。

[⑤]　赵毅衡：《符号学：原理与推演》，南京：南京大学出版社，2011 年，引论，第 12 页。

号的二分式（self-contained dyad）。他从语言学出发，将语言系统作为典型的符号系统，并将其解释为社会规约的产物，由此认为任意武断性（arbitrary）是符号表意的根本原则。能指（signifier）与所指（signified）的二元结构也一度成为 20 世纪之前的主要符号学研究趋势，语言学模式的符号学占据了主导地位，并为早期的符号学发展提供了一个"系统清晰、根基牢固的理论框架"[①]。但是索绪尔的符号学由于受到语言学框架的局限，导致其所涉及的符号范围非常狭窄，不利于符号学作为一个学科的后期延展。

与索绪尔同一时期的美国符号学家 C. S. 皮尔斯（Charles Sanders Peirce），则提出了"符号三分式"理论（triadic theory of the sign），用以分析和研究包括语言之内的所有符号类型。"这个出发点促使符号学向非语言式甚至人类符号扩展……使符号向无限衍义开放。"[②] 直到 20 世纪 70 年代，皮尔斯的符号学才真正受到重视，符号学的研究对象在皮尔斯的理论视阈中打开了新的研究角度，至此，"皮尔斯理论成为当代符号学的基础理论，成为符号学最重要的模式"[③]。

除了索绪尔和皮尔斯显而易见的符号学模式，赵毅衡还提出了符号学发展的"四个模式"说，其中第三种模式是德国哲学家恩斯特·卡西尔（Ernst Cassirer）的"文化符号论"[④]。与卡西尔的理论略有相同之处，法国符号学家罗兰·巴尔特（Roland Barthes）看重符号论与社会文化之间的紧密联系，"全面探索符号与人、社会、文化的多面向的生命运动的结构及其趋势，从而为当代符号论研究开辟了广阔的前景"[⑤]。

符号是意义驻扎的唯一场所，而文化又是诸多意义的集合，因而没有文化不通过符号进行传播和被认识。"符号是意义活动（表达意义与理解意义）的必须而且独一无二的工具，不用符号无法表达任何意义；反过来，任何意义必

---

① 赵毅衡：《符号学：原理与推演》，南京：南京大学出版社，2011 年，引论，第 12 页。
② 赵毅衡：《符号学：原理与推演》，南京：南京大学出版社，2011 年，引论，第 12 页。
③ 赵毅衡：《符号学：原理与推演》，南京：南京大学出版社，2011 年，引论，第 13 页。
④ 赵毅衡：《符号学：原理与推演》，南京：南京大学出版社，2011 年，引论，第 13 页。
⑤ 高宣扬：《罗兰·巴特文化符号论的重要意义——纪念罗兰·巴特诞辰 95 周年和逝世 30 周年》，载《探索与争鸣》，2010 年第 12 期。

须用符号才能表达，因此，符号学即是研究意义活动的学说。"① 而文化作为各种意义的汇聚地，必然是符号参与表意的主要场所。所以，不难理解所谓的文化符号学就是在社会文化现象下的符号学研究。符号学发展已有近百年，当下文化符号学也以势如破竹的气势，成为符号学延伸和发展的主要方向。社会的复杂性决定了文化呈现方式的多样性，而打扮符号作为社会文化意义的表现方式之一，是社会文化符号的代表。正如语言一样，打扮作为一种文化符号语言，也有其自身特有的词汇和语法作为支撑。这不仅指不同类别的着装，还有发型、装饰物、化妆等一系列打扮物品和方式。

　　人类生活在一个符号化的社会中，甚至可以说人本身也是符号行为的参与者。大多数情况下符号以物质的存在形式作为依托，但不能否认以意念形式所存在的无形的符号。无形符号和有形符号可以共生于一个实体之中，打扮符号需要展示、传达个体无形的意识，而这个抽象的意义则需要通过有形的实体进行演绎。

　　符号和意义的关系研究正是研究符号所要讨论的关键，"符号是被认为携带意义的感知"。打扮可以被看作符号，归根结底在于其背后所携带的丰富的意义。无名指上一枚看似不经意的戒指，作为规约符号所传达的意义是已名花有主；男士手中的一枝玫瑰无意间透露给陌生人，他在等待某个心仪的女性；特定工作环境下的非正式穿着很容易受到指责，被认为不重视工作。打扮作为符号，在其意义产生、传达和接收的过程中所涉及的类别也必然有所区分。

　　从以上分析中不难看出，"符号"可以作为"意义"的代名词。在整个文化集合体中，意义是建构文化的元素，当我们在对文化进行解码的时候，"解剖符号"变得尤为重要。在传统认知中，形而上的精神和物质实体之间巨大的意义差异性，使得文化意义或多或少在"高雅"和"低俗"之间呈现出一条潜在的分割线，而身体本身自哲学产生伊始，就被视为不能永恒的低贱物。因而在传统意识中，一切与身体相关的存在物被理所应当地边缘化，打扮也无一例外地受到影响。事实上，当我们在讨论文化研究的时候，应当以一种更加开阔的视野来审视与身体相关的诸多领域，文化研究本该是"拒绝高雅—低俗文化

---

　　① 赵毅衡：《符号学文化研究：现状与未来趋势》，载《西南民族大学学报》（人文社科版），2009 年第 12 期。

的精英概念或对大众文化的批评"①。对大众文化的重视，恰恰是对占绝大多数的文化的重视，也是整个时代和社会文化发展的总趋势。

与此同时我们也决不能用一种非黑即白的眼光来注视大众文化。尽管对打扮符号的讨论离不开物质的外现本质，但随着人们对身体奥秘的进一步发现，以及对内在自我外现的重视，打扮符号也已经具有艺术化的倾向性，其中越来越多的身体彩绘、行为艺术的出现恰恰是对这种趋势的佐证，小说和电影等大众艺术也越来越重视对人物形体和身体的表现。

---

① 克里斯·巴克：《文化研究理论与实践》，孔敏译，北京：北京大学出版社，2013年，第53页。

第三章　打扮的符号学概念：意义与表达

第一节　符号学视阈中的"打扮"

卡西尔将人定义为"符号的动物"[1]，并将人与动物的最终区别归因于对符号的不同选择，而符号最终所指代的意义则是人类所特有的文化内涵。符号对人类所起的作用，反映出人类自身对意义的重视。对意义的探索和学习，是人类穷其一生的方向。"符号化的思维和符号化的行为是人类生活中最富于代表性的特征。"[2] 我们对"打扮"的研究，绕不开讨论主体地位和身份选择的问题。因为身份不同才会有"打扮"，而除人类之外的生物并没有主动选择身份的权利，所以，符号学视阈中所研究的"打扮"主体必须是人类自身。此外，对于文明和文化的繁衍和传承也必然是在符号的参与下进行的，"对于文明人来说，一切有用的衣食住行、结亲打仗，都必须裹在无用的符号里面，不然他们就只是作为缺乏灵魂的动物人而存在。符号使我们存在于一个意义世界里，而不是仅仅活在物的世界"[3]。符号的存在使得意义的选择更加实在和具体。

一、艺术之于符号

通过前两章的分析不难理解打扮是符号的事实，接下来本章就要分析讨论符号和艺术以及艺术和打扮之间的关系。或许有人会说打扮也属于艺术范畴，

---

① 恩斯特·卡西尔《人论》，甘阳译，上海：上海译文出版社，2004年，第45页。
② 恩斯特·卡西尔《人论》，甘阳译，上海：上海译文出版社，2004年，第35页。
③ 赵毅衡：《华夏文明的面具与秩序——读〈陇中民俗剪纸的文化符号学解读〉》，《丝绸之路》，2015年第2期。

这个论断似乎是不争的事实，但我们了解打扮艺术的前提是明白艺术与打扮之间的微妙关系，而对艺术与符号的讨论则是研究的理论基础。艺术天然是符号，与其背后所携带的意义之间具有"理据性关系"。对艺术和符号之间关系的讨论，是人们更好地分析和理解艺术的一种手段。符号学理论用一种近乎解剖式的方式介入艺术领域，对艺术符号整个表意形式进行明晰的再现。但是对文学艺术是否是符号的判断，却不是一个简单的问题。

卡西尔在《人论》（*An Essay on Man*，1944）中指出："艺术可以被定义为一种符号语言。"而对艺术是否是符号，诸多学者也表达了自己的看法。那么，具有"约定俗成"的理据性是否才是判定符号与否的关键呢？索绪尔认为符号"能指和所指的联系是任意的"，两者之间具有约定俗成的任意性是索绪尔符号学的基础性理论。按照索绪尔对符号的定义，艺术的主观形式化偏离了符号"约定俗成"的存在规律，所以艺术并不被划入符号的范畴。而皮尔斯则在研究符号的"能指"和"所指"的基础上加入了"解释项"，进而丰富和扩展了符号的实用范畴。

学者陈炎认为艺术不具有社会规约性。他认为，"在艺术作品中，'标识'和'意义'、'能指'和'所指'之间的关系既不是'约定'的，也不是'任意'的。所以，从严格意义上，艺术作品不是符号"①。这一观点的提出是基于索绪尔符号理论的"约定俗成"或"非理据性"的观点。

学者唐小林则用皮尔斯的符号"三分式"理论指出了索绪尔符号理论的弊端："非理据性，即能指与所指之间的约定俗成，也许是判断语言符号的标准，但不是判断所有符号的标准，更不是判断符号的唯一标准。"② 所以，符号的"再现体"和"对象"之间的关系可以是理据性的存在，这种理据性是符号实现重组而形成新符号的过程。正如罗兰·巴尔特所引入的"二级符号系统"③，由一级符号艺术媒介经过重组形成的符号已经是具有理据性的新的"二级符号系统"。所以在唐小林的论述中，文学艺术必然是符号，而且"文学艺术是理

---

① 陈炎：《文学艺术与语言符号的区别与联系》，载《文学评论》，2012年第6期。
② 唐小林：《文学艺术当然是符号：再论索绪尔的局限——兼与陈炎先生商榷》，载《南京社会科学》，2014年第1期。
③ 罗兰·巴尔特：《符号学原理》，李幼蒸译，北京：中国人民大学出版社，2015年，第55~61页。

据性符号"①。"最直观、最简单的理由是，媒介符号并不是文学艺术符号本身"②。任何我们可见的线条、色彩、音符、文字、装饰等都不是艺术文本本身，我们不能单纯地将非理据性的媒介符号等同于理据性的文学艺术符号，因而规约与否并不是判断文学艺术为符号的关键。

通过以上分析不难看出，艺术必然属于符号，文学艺术也属于符号范畴，而且是理据性的符号。讨论打扮行为离不开对社会规约的探讨，但在符号学视阈中它却是个复杂的概念，非理据性成分对打扮符号的建构起到相当大的影响。因而，当按照打扮所呈现的媒介具体分析讨论其符号意指的时候，需要考虑到生活中的真实打扮符号与小说、电影艺术文本之中所涉及的打扮符号之间的相同与不同之处。但无论是何种媒介呈现的打扮符号，我们都可以发现其艺术化倾向。

二、符号理论家与打扮符号

本书从符号学视域对打扮符号进行分析，是否具有理论上的可操作性呢？是否可以借鉴已经在该领域做出相关研究的理论家的成果呢？基于上一节中对符号与艺术之间关系的讨论，我们已经明确了打扮作为艺术符号的存在性。下面笔者将对与此相关的符号学家的理论做个简单梳理，以便于读者对本书的理论体系进行把握。

索绪尔（Ferdinand de Saussure）的符号学以语言学为基础，他所讨论的符号是基于符号的"约定俗成性"即"非理据性"，在此基础上"组合－聚合"二元结构的提出为讨论语言的普遍性规律提供了新的依据。从某种程度上可以说，索绪尔"双轴概念"的提出为讨论社会规约作用下的文化符号提供了研究思路。任何社会性的符号都可以在"双轴"中发现自身变化的规律。打扮符号所携带的社会属性决定了其在组合轴作用下不同身份的扮相，而在聚合轴作用下打扮部分又具有了筛选替换的可能性。利用索绪尔的双轴理论讨论打扮符号的构成，对解释和理解符号表意的文化意义具有指示作用。

---

① 唐小林：《文学艺术当然是符号：再论索绪尔的局限——兼与陈炎先生商榷》，载《南京社会科学》，2014 年第 1 期。

② 唐小林：《文学艺术当然是符号：再论索绪尔的局限——兼与陈炎先生商榷》，载《南京社会科学》，2014 年第 1 期。

　　皮尔斯一生与索绪尔素未谋面，但却巧合地在同一时期提出了"三分式"的符号学理论。因为符号意指过程在皮尔斯符号理论中得到了更加清晰的划分，皮尔斯的符号论具有寻求意义形式规律的普遍适用性，所以毋庸置疑，皮尔斯的符号理论可以作为讨论打扮符号叙述的最好的理论选择，这也是本研究的主要理论出发点。皮尔斯的"三元式"划分的对象、代表项、解释项，对理解和分析符号表意的具体过程提供了方向，从符号本身三元出发讨论打扮符号意义的各个过程部分，可以有效地实践打扮主体对自我和身份的表达。而对像似符号、指示符号、规约符号的划分又成为分类讨论打扮的最直观方式。

　　索绪尔将符号分为"所指"和"能指"两个部分，而按照皮尔斯的符号理论，索绪尔所说的所指被分割为"对象"（object）和"解释项"（interpretant）两部分，所谓的"能指"，则在皮尔斯这里成为第一时间可被感知的部分——"再现体"（represetntatum）。① 皮尔斯的三分法更加精确了符号的构成方式，进而使先前一些模糊的符号判定也更加明晰，其中就包括索绪尔符号理论所无法讨论的艺术问题，而这恰恰为文化符号学的延展奠定了理论基础。其中，"解释项"的发现是符号学理论的一大进步，"极大地增强了符号学的阐释能力和有效性，扩展了符号学应对复杂多变的文化局面的能力"②。艺术作为符号的论断在皮尔斯这里得到了有效的论证。

　　从"再现体"与"对象"之间的关系出发，我们可以将符号归为三类：像似符号、指示符号和规约符号。以此对打扮符号进行划分，也可以得到三种不同类型的符号。其中，规约符号符合索绪尔所说的任意武断的"约定俗成"的特点，其余两类符号是具有理据性的。"索绪尔的符号观是建立在'非理据性'基础上的，而皮尔斯的符号观却奠基于'理据性'。"③ 艺术作为符号，其再现体和对象之间具有理据性关系，解释项的存在恰恰是艺术符号实现意义多元化的来源，这也是艺术的魅力所在。因而，对艺术符号的理论应用，笔者选取了更具有科学性和进步性的皮尔斯的符号学理论。在该理论的实践中，艺术天然

---

　　① 赵毅衡：《符号学：原理与推演》，南京：南京大学出版社，2011年，第91页。
　　② 唐小林：《文学艺术当然是符号：再论索绪尔的局限——兼与陈炎先生商榷》，载《南京社会科学》，2014年第1期。
　　③ 唐小林：《文学艺术当然是符号：再论索绪尔的局限——兼与陈炎先生商榷》，载《南京社会科学》，2014年第1期。

是符号，并且是理据性符号。

通过以上论述，我们可以清楚地了解人类打扮作为符号的整个表意过程。事实上，真正涉及对打扮符号进行讨论的符号学家只有罗兰·巴尔特。他的《流行体系：符号学与服饰符码》（*Systeme de la mode*，1967）被看作一本"建构方法"的著作，此著作以符号学理论为背景，将杂志视作服装的语言，解释流行杂志中的符号学现象。与此同时，巴尔特的研究又与纯符号学理论有很大区别："这里谈的衣服，只是纸上的衣服，只是时装杂志中对服饰的文字描述，这里谈的流行，也只是时装杂志的意识形态。"[①] 也正因巴尔特的大胆尝试，服装这个非语言研究对象被引入符号学领域，为符号学的发展开拓了新的领域和研究方向。相比《流行体系：符号学与服饰符码》的语言结构模式，本书对打扮的分析和讨论则引入虚构艺术，例如电影、小说文本中的打扮性叙述，是对文字和视觉图画的分析，通过对特定打扮进行符号学分析，与其背后所书写的特定文化意识形态进行联系，针打扮主体的身份选择进行讨论，并分析打扮符号与性别之间的微妙关系。

巴尔特将时装非言语作为对象进行符号学研究，实现了索绪尔早年的构想：超出语言但涵盖语言的一般符号理论。他用实际的理论成果拓宽了符号学的研究领域，为广义符号学的诞生打下了坚实的基础。在某种程度上，可以将巴尔特对流行服饰理论体系的把握看作第一次从理论上对打扮的系统分析。巴尔特在《符号学原理》（*Elements de Semiologie*，1964）中详细地区分了语言结构和言语，认为与语言结构的社会制度性相比，言语更多表现出"个别性"[②] 的选择。与语言一样，打扮体系也具有自身的打扮语言结构，但在实际操作中，作用于个体则会呈现出如言语一样个人化的艺术效果。

打扮符号作为小说和电影文本中对人物形象和性格等的修饰，也可以被看作修辞学的一种运用，这也是叙述者为了获得读者对人物的信任而采取的修辞术。而巴尔特对修辞学翔实系统的分析，提供了从符号修辞学角度讨论打扮叙述修辞手法的可能性。

苏珊·朗格（Susanne K. Langer）是著名哲学家和有独特见解的艺术家，

---

① 罗兰·巴特：《流行体系：符号学与服饰符码》，敖军译，上海：上海人民出版社，2011 年，导读，第 2 页。

② 罗兰·巴尔特：《符号学原理》，李幼蒸译，上海：上海人民出版社，2011 年，第 4 页。

又在符号学领域颇有造诣。她所提出的艺术符号理论对研究打扮叙述在艺术阶段的表现具有理论指导意义。苏珊·朗格倾向于认为所谓的艺术，就是被人类所创造出来的，用以表现人类情感的外现形式①，而这一宽泛的定义为讨论所有形式的艺术提供了可能性。而且，苏珊认为确定一件作品是否是艺术品的关键，在于艺术符号的创作者是否有意识将其情感嵌入并塑造出有意义的形式，而这恰恰是讨论小说、电影文本中人物打扮符号的艺术化以及人物塑造艺术化的着眼点。艺术水平的高低与艺术家、艺术环境以及大众的反映息息相关。② 打扮符号因其自身的性质，必然需要一个接收者来实践符号的"解释项"，才能够实现打扮符号的整个表意过程。然而，由于文本的媒介性质，小说和电影艺术之中的打扮符号意义的实现则更加复杂，一方面需要文本中的接收者对人物的打扮有所应答，而在虚构的文本之外更需要读者或观众对整个打扮符号有所反映。

在著作《艺术问题》（*Problems of Art*，1957）中，苏珊·朗格对艺术的评价标准进行了分析，认为除了艺术家自身的主观因素，外在的文化环境以及公众的反映都会对艺术品价值的高低产生影响。一件美的艺术品必须具有表现性，而所谓"艺术表现，就是对情感概念的显现或呈现"③。而对于没有情感的艺术品，艺术家则会认为它是虚假的。④ 这一理论同样适用于打扮符号之中，小说和电影文本中的打扮符号无外乎存在于虚构的背景下，而当不同时代和环境下的文本之外的接收者（读者或观众）对其进行重新品鉴的时候，读者对人物的打扮符号的意义也有了新的诠释空间。

卡西尔在《人论》中对"人是什么"进行了深刻的思考，而这也恰恰是对其"符号形式的哲学"⑤ 的一种阐释。更重要的是，卡西尔宣称"符号化的思维和符号化的行为是人类生活中最富于代表性的特征。人类文化的全部发展都

---

① 苏珊·朗格：《艺术问题》，腾守尧、朱疆源译，北京：中国社会科学出版社，1983年，第105页。

② 苏珊·朗格：《艺术问题》，腾守尧、朱疆源译，北京：中国社会科学出版社，1983年，第108页。

③ 苏珊·朗格：《艺术问题》，腾守尧、朱疆源译，北京：中国社会科学出版社，第120页。

④ 苏珊·朗格：《艺术问题》，腾守尧、朱疆源译，北京：中国社会科学出版社，第121页。

⑤ 恩斯特·卡西尔：《人论》，甘阳译，上海：上海译文出版社，2004年，中译本序，第5页。

依赖于这些条件"①。他还以科学实例说明所谓动物的"言语"根本不具有"一个客观的指称或意义"②。艺术与宗教、语言、历史、科学在卡西尔这里共同构成了人类社会的基本形态，在他看来所谓的艺术除了对自然的模仿，还必须有自发的目的性。

卡西尔认为，与语言一样，艺术符号意义的传递和解码过程也是"一个对话的辩证过程"，"甚至连观众也不是一个纯粹被动的角色"③，作为艺术符号解释项的发出者，在某种程度上，观众也参与了艺术品的创作。此外，从某种程度可以认为，如果对一件艺术的把握仅仅停留在艺术的实体，而忽略了"艺术品借以产生的那种创造过程，我们就不可能理解这件艺术品"④。所以，当作为读者或观众欣赏小说或电影文本的时候，我们需要用线性的眼光，将打扮符号放置于时间轴中，去体会隐含作者创作它的过程，这才能够对打扮或人物本身乃至于整个文本有更加深刻的解读。

符号学也是意义学，更是讨论人类文化集合避不开的方法论。打扮符号作为艺术形式之一运用于小说和电影文本叙述中能丰富人物艺术形象，是作者对人的艺术构想的理想表现方式。作者通过对人物打扮的叙述对可能世界的社会文化意义进行映射，也可以对其不可能世界的理想意义进行言说。

第二节　谁是打扮主体

虽然社会语境对打扮施加了必要的文化规约，并使之形成一定体系，但只有个体的参与才能体现出其社会性的规约特质。正如巴尔特所言，"言语现象总是先于语言结构现象"⑤，系统规约产生之初，首先都是个体自身的主体性在发挥作用，当单一主体性的选择形成一种社会性趋势之后，就自然地发展成一种社会规约。这种趋势或许是个体自发选择的原因，或许是因为某个时期的政策而被动选择的结果，但无论出于怎样的目的，最终都实现了意识形态上的

---

① 恩斯特·卡西尔：《人论》，甘阳译，上海：上海译文出版社，2004年，第46页。
② 恩斯特·卡西尔：《人论》，甘阳译，上海：上海译文出版社，2004年，第54页。
③ 恩斯特·卡西尔：《人论》，甘阳译，上海：上海译文出版社，2004年，第254页。
④ 恩斯特·卡西尔：《人论》，甘阳译，上海：上海译文出版社，2004年，第254页。
⑤ 罗兰·巴尔特：《符号学原理》，李幼蒸译，北京：中国人民大学出版社，2010年，第5页。

统一。但不难发现，社会规约并非一成不变，而变化的产生恰恰是个别主体再次发挥自我作用或者是新的社会政策得到落实的结果。其中，打扮符号可以被看作时尚的重要部分，变化中的时尚遵循了其背后相对稳定的社会文化规约规律，但在受到制约和限制的同时，时尚又可以对某个个体或者某类打扮进行标出，从而形成新的流行风尚。这种标出性也恰恰是打扮符号的最大特质。

巴尔特在《流行体系：符号学与服饰符码》中将服装分为三种，分别是"意象服装""书写服装""真实服装"。所谓的意象服装，"是以摄影或绘图的形式呈现"①，书写服装"是以语言为构成实体，其关系即使不是逻辑的，至少也是句法上的"②；真实服装，是指现实生活中的实际存在的实用性服装。将服装对象进行详细的分类划分，方便我们对服装语言进行系统分析。对打扮有了符号学范畴的定义之后，对其也可以进行简单的分类，比如对小说和电影文本中所涉及的研究对象进行符号学分类。

结合《流行体系：符号学与服饰符码》中所讨论的服装杂志，笔者在这里所讨论的"打扮符号"可分为"意象打扮""书写打扮""真实打扮"三大类，而这三类打扮符号的划分分别对应的是虚构世界中的电影艺术、小说艺术以及真实生活中的打扮。意象打扮是以画面形式展示打扮，其表现是线条、色彩、空间化，电影艺术是这类打扮突出的媒介代表；而书写打扮是指小说文本所表现的句法语词层面。前两者打扮对象都是来自真实的打扮对其所产生的影响，同时分别从空间和时间线条上对真实打扮进行了还原和模仿，对二者的讨论和分析可以直接影响对真实打扮的把握。真实打扮则具有实际存在的真实性，是前两类虚构文本中存在的打扮类型存在的基础和原型。

相比意象打扮，书写打扮使接收者所产生的意义想象更加丰富，可产生更多可能性结果，意象性倾向丰富了读者的想象空间。"意象冻结了无数的可能性，而语词则决定了唯一的确定性。"③语言之于言语犹如打扮之于装扮，语言具有普遍性，而言语则具有特殊性；打扮是身份选择的结果，具有整体性，

---

① 罗兰·巴特：《流行体系：符号学与服饰符码》，敖军译，上海：上海人民出版社，2011年，第3页。

② 罗兰·巴特：《流行体系：符号学与服饰符码》，敖军译，上海：上海人民出版社，2011年，导读，第3页。

③ 罗兰·巴特：《流行体系：符号学与服饰符码》，敖军译，上海：上海人民出版社，2011年，第13页。

而装扮则具有随意性。"语言是一种制度，一个有所限制的抽象体。言语是这种制度短暂的片刻，是个人为了沟通的目的而抽取出来并加以实体化的那一部分。语言来源于言语用词，而所有的言语本身又是从语言中形成的。从历史的角度来看，这是结构与事物之间的辩证关系；用沟通的观点来说，这是符码与沟通之间的辩证关系。"[①] 与意象打扮相比，书写打扮具有结构上的纯粹性，也为读者预留了大量的叙述参与空间。

在小说《一个陌生女人的来信》中，茨威格向读者展示了一个美丽、痴情的女子，尽管言语之间都流露出女主人公相貌和打扮的出众，但在小说文本中作者并没有用大段的文字对叙述者姣好的外貌进行叙述。"我穿戴完毕站在你的面前，你把我搂在怀里，久久地凝视着我；莫非是一阵模糊而遥远的回忆在你心头翻滚，还是说你只不过觉得我当时容光焕发、美丽动人呢？然后你就在我的唇上吻了一下。"[②] 茨威格通过对人物打扮的忽略式书写，恰好给读者参与叙述提供了契机，一千个读者的眼中有一千个人物形象存在。

1948 年，美国导演马克斯·奥菲尔斯导演了同名电影《一个陌生女人的来信》(*Letter from an Unknown Woman*，1948)，电影中的女主人公有了确切的打扮，她的美丽足以通过夸张的晚礼服、闪耀的饰品以及深邃的妆容展现出来（如图 3-1 所示）。与小说文本呈现出的模糊的书写打扮相比，电影文本所呈现的意象打扮则更加具体，但与此同时也让人物形象更加形式化。2005 年中国导演徐静蕾同样导演了这篇经典小说的同名电影。但在这部影片中，美丽的女主人公从西方面孔变成了东方面孔，中式的旗袍、简单的盘发、柔美的妆容成了徐静蕾想象中的"陌生女人"（如图 3-2 所示）。同一个小说文本，不同时代、东西方两位导演，给观众演绎了两个截然不同的"陌生女人"，这就是书写打扮的魅力。

---

① 罗兰·巴特：《流行体系：符号学与服饰符码》，敖军译，上海：上海人民出版社，2011 年，第 17 页。

② 斯台芬·茨威格：《一个陌生女人的来信》，张玉书译，上海：上海译文出版社，2007 年，第 254 页。

图 3-1　电影《一个陌生女人的来信》（1948）中女主人公的造型

图 3-2　电影《一个陌生女人的来信》（2005）中女主人公的造型

　　虽然社会规约的强制性对于时尚具有话语权，但事实上，打扮主体经常是带着"社会规范"的镣铐"玩时尚"。打扮的最终定型离不开主体的意向参与，不管外在文化语境如何严峻，打扮必须且一定携带着主体的主观感知，但不能忽略主观性的选择是在社会文化背景的参与下发生的。面部作为人体双手裸露的部分，其意义不仅在于便于人自身作为社会一员的身份识别，更是主体将自我进行外现的首选渠道。而眼睛作为五官中唯一可以活动的部分，则承担了绝大部分的打扮任务。艺术性的化妆，例如影视作品《霸王别姬》（1993）中的楚霸王与虞姬的京剧形象夸大了眼部的打扮，并被特写，项羽的刚毅果敢、虞姬的默默柔情都在颦蹙之间写于人物的面部（如图 3-3 所示）。

图 3-3　电影《霸王别姬》（1993）中程蝶衣和段小楼的妆容

相比现实生活中的打扮，意象打扮和书写打扮的主观性虽然是文本人物的主观选择，但离不开对人物塑造具有重要作用的叙述者和隐含作者所代表的意识形态的干预。从某种程度上讲，文本人物的打扮是社会文化符号的一面镜子，影射了同一人物身上夹杂的不同社会主体多样化的价值情感。正如中、西两部风格迥异的同一影片《一个陌生女人的来信》，即中、西方文化形态的缩影。

不可否认，"在思维活动中，视觉意象之所以是一种更加高级得多的媒介，主要是由于它能为物体、事件和关系的全部特征提供结构等同物（或同物体）。视觉形象在多样性、变化性方面堪与语言发音相比"[①]。打扮为接收者带来的首先是视觉上的冲击，经过视觉符号解码读者才可能对其所带"附属品"——人物性格、故事情节、背景环境等元素有进一步的印象和理解。与真实打扮不同，小说中的打扮叙述是以言语链的形式诱导读者发挥想象，自主性地进行意象还原来实现的。

当作者或是导演将自我的主体性意识注入文本人物的同时，虚构的人物自身也拥有了被塑造的意识。人物的打扮符号是人物自身的选择，更是其背后的艺术创作者的功劳。1968 年，罗兰·巴尔特写了著名的《作者之死》（*Death of the Author*，1968），其中，他认为所有话语都可以是文本，而且读者和作者都可以成为文本的主体（subject），作者并非处于读者之上的地位。[②] 因而，不可忽略符号意义最终的解释者——读者（观众）的参与作用，没有他们，整

---

① 龚鹏程：《文化符号学导论》，北京：北京大学出版社，2005 年，第 85 页。

② Amelia Jones. *A Companion to Contemporary Art Since* 1945. New Jersey：Wiley-Blackwell，2006. p. 272.

个符号意义的解码是不完全的。尽管主体性首先体现于文本中的打扮主体，但在文本被解读的过程中，把握主体性的权利则被移交给读者。因此小说与电影文本中的打扮符号，事实上并非只是人物自身的主体性选择，与真实的打扮符号相比，作者和读者角色的参与更是完成整个符号表意过程，丰富其符号意义的关键。

因而在讨论小说、电影文本中的打扮性叙述的同时，不能忽略读者对符号文本的再解读。作者、隐含作者与叙述者都会对小说中的人物设定产生影响，正如讨论隐含作者这一概念，"既涉及作者的编码又涉及读者的解码"①，读者对小说文本中具体人物的打扮叙述也具有相应的话语权。而电影作为视觉媒介，已经对所呈现的文本对象进行了形象还原，所以观众在不知不觉地被动接受视觉符号的同时，对打扮符号的主体性解释便被削弱了。

人际关系具有复杂性，涉及年龄、性别、职业、阶级、种族等因素，正是主体自身同他者之间关系的体现。而最能代表主体身份的语言恰好就是"打扮"。打扮的多样化在人类社会的复杂关系中成为必然性的存在，是身份发挥作用的关键，也是维持社会关系有序进行的必要选择。如果打扮的多样化被单一化所取代，主体身份的辨识度便大大降低，与此同时单一的打扮形式也会对自我的性格特殊性进行压迫，进而使个性化遭到削减，过分的单一化压抑甚至会引起社会动乱。正如"文化大革命"时期，着装的统一颜色成为一个时代的颜色，统一的打扮搁置了主体的个性（如图3-4所示）。事实上，即使是在对打扮控制最为严格的时代，人们也在用自己的方式进行自我的打扮，比如将扎起的麻花辫绑上红绳，对统一着色的制服进行简单的修改让其更加合身等。依此来看，绝对不存在完全单一化的打扮，主体的多样性决定打扮符号的选择必然是多样化的。

---

① 申丹：《何为〈隐含作者〉?》，载《北京大学学报》（哲学社会科学版），2008年第2期。

图 3-4　"文化大革命"中的老照片①

同时，本书中所涉及的小说与电影艺术中的打扮符号，与生活中的真实打扮又具有本质上的区别。艺术媒介中的打扮不仅是文本虚构世界中人物自我主体性的外现，因为虚构文本与作者主体之间的紧密关系，以及作者自身对打扮主体倾向性的选择，所以在某种程度上，小说与电影文本中的打扮叙述也是作者或导演主体性的参与结果。文本对象一方面是对内的主体性，另一方面是对外的广泛性。研究对象的主体性不仅在于文本内部人物自身的主体性选择，也在于文本之外的作者或是导演的个人主体倾向性在人物身上的映射。文本研究对象之所以具有广泛性的特质，一方面在于社会文化语境的复杂性，艺术文本中的人物形象是对社会的描摹和再创造；另一方面，当打扮叙述进入艺术层，流动的艺术将会为在社会规约下所形成的特定表意符号裹上一层解释的外衣，读者或是观众都可以对该艺术符号进行解释。符号解释的多义性，促成了符号的无限衍义。

第三节　打扮符号的意指过程

符号学研究注重符号意义的产生过程，即符号的意指过程。皮尔斯为了描述符号意义的形成过程，创造性地提出了符号的三级意指系统：对象（object）、再现体（representatum）和解释项（interpretant）。"皮尔斯把符号

---

① 图片来源：http://photo.sina.com.cn/zl/story/2014-09-15/1409326.shtml. 2017 年 3 月 15 日。

可感知的部分称为'再现体'，这相当于索绪尔所说的能指；但是索绪尔的所指，在皮尔斯那里分成了两个部分：'符号所代替的，是对象'，而'符号引发的思想'称为符号的解释项。"① 解释项的存在使符号的意指活动指向了一个更加广阔的社会文化语境，实现了符号意义的无限衍义。

由于符号是"被认为携带意义的感知"，整个符号的意义的实现过程必然涉及三个方面：一个是符号的发出者，再一个是符号的传播者，另一个是符号的接收者。任何符号意义的最终表达都需要以上三者的参与。首先，意义生成于发送者的头脑中，是意义的初始状态，且只被发送者一人感知，称为"意图意义"。意义的传达需要发送者通过媒介对意义进行编码，在编码的过程中意图意义的初始状态会或多或少发生变形，符号信息所携带的意义便由"意图意义"变为"文本意义"。而"意义"传达则需要通过时间和空间环境因素作为介质，真正意义上的完成则需要接收者的阐释，这个意义是接收者在接受环境的作用下对"符号信息"所传达的发送者的"意图意义"的解读，称为"解释意义"。"发出者的意图意义只是符号过程起始；符号发出后，只有文本携带意义，解释意义尚不在场。如果文本没有意义，符号也就没有理由被接受，不接受就没有解释出意义的可能。"②

作为符号，打扮的意义最终完成也必然经过以上三个过程。通常情况下打扮者的意图意义来自对现实自我形象不满足的美化，打扮符号最终通过妆容、装扮进行呈现。个体的妆容或是装扮就作为身体的文本，承载着打扮者所发出的信号。这第二个过程所产生的意义为打扮的文本意义，此意义的获得是打扮客观性的存在，并非人类意识参与的主观性选择。第三个过程中意义结果的最终完成主体是打扮符号的接收者（小说文本即为读者，电影文本则为观者）。事实上，由于接收者自我主观性观念的存在，受其自我状态的影响，其解释意义对打扮文本意义的解读会产生一定影响，并发生意义阐释不一致的情况。从打扮者的意图意义到打扮的文本意义，再到接收者的解释意义，符号意义在三者之间的变化反映了打扮作为符号表意的全过程。

此外，在理解和把握符号意义的同时，需要明晰符号过程中的三种不同

---

① 赵毅衡：《符号学：原理与推演》，南京：南京大学出版社，2011年，第98页。
② 赵毅衡：《符号学：原理与推演》，南京：南京大学出版社，2011年，第57页。

"意义"：发送者所存有的"意图意义"，符号信息所涉及的"文本意义"，以及符号接收者所给出的"解释意义"。只有综合考虑以上三种意义，才能够实现整个符号的意指全过程。符号表意过程中涉及的三种符号意义，与皮尔斯的三级意指系统是相互交融的，共同建构出符号意义。意图意义的发送者需要根据存有的对象，将其实践于再现体或符号文本之中，而解释项则由解释者针对符号文本的文本意义进行解码，从而给出新的解释意义。

打扮主体在开始打扮行为之前，在头脑中便已经描摹出一个理想的对象，而作为再现体的打扮文本则是对这个理想对象有目的的再现。但事实上，打扮符号意义的最终解释权并非完全从属于打扮主体，而是符号解释者的权利。打扮接收者依照自我的文化语境感知对打扮文本的符号信息进行解码。这样一来，整个符号的意指过程才算完整。当涉及小说、电影文本中的打扮符号时，整个符号的意指过程又略显复杂。因为虚构语境下的隐含读者事实上是文本中人物行为背后的操纵者，其中人物打扮的意图意义也是隐含读者对人物形象以及文本主题的暗示，有效地指引符号文本接收者，同时也是身为打扮符号解释者的读者和观众对人物打扮的理解方向。

严歌苓在《白蛇》中塑造了一个生性妩媚的女人——孙丽坤，即使在被看押的时候她也会因为被观察的对象而注意自己的着装、姿态。"这天，孙丽坤没穿那件邋遢透顶的劳动布春秋衫，换了一件海蓝毛衣，尽管袖口脱了针脚，秃噜出一堆烂毛线，毕竟给了她身体粗略的一点曲线。"[①] 女主人公之所以在极端环境下也会注意自身的仪表，源于一个"穿黄毛料子的年轻人"对自己的注视。孙丽坤这个不经意的着装行为，恰恰反映了她内心还没有被政治高压所泯灭的情欲，而这份欲火也恰恰是作者所塑造人物的关键特点。内心的真实想法，需要通过外在的行为表现进行呈现，作为打扮的主体，在孙丽坤的眼里，这件破旧的毛衣较之"邋遢透顶的劳动布春秋衫"更能彰显其女性的魅力，从而可以通过该打扮达到迎合"年轻人"的审美的目的。"化妆作为非言语交际的一种，是表达化妆者自我意图的实现形式。"[②] 最初怀着"自我美化"的意图，人物孙丽坤才选择颇显女性线条的毛衣，倘若将这个打扮符号整体看作一

---

① 严歌苓：《白蛇》，天津：天津人民出版社，2015年，第13页。
② 贾佳：《"化妆"的符号学研究》，载《四川戏剧》，2016年第4期。

个客观的文本，读者脑海中则会呈现出一个着破旧烂毛衣的中年女性形象，而这种人物对自我的理想认知，与客观现实所呈现出的真实性之间的矛盾恰恰给予了小说讽刺性色彩。

作为刻画人物形象的主要手段，人物的打扮在电影中被极尽渲染和呈现。而打扮符号的意指过程恰恰也是通过人物主体到打扮符号文本，再到打扮接收者的解释来实现的。与文本中符号接收者所产生的对符号意义的解释不同，全知视角的地位给观众提供了一个可以把握全局，更为全面的、客观的意义解释平台。

在电影《天注定》（A Touch of Sin，2013）中，人物芙蓉作为一名在东莞从事服务行业的女性，不得不在工作的时候化着艳丽的妆容，穿着暴露的角色扮演服饰，以此来取悦前来消费的男性顾客（如图3-5所示）。作为电影文本中的打扮主体，主人公芙蓉的意图意义在于让自己更加凸显女性特质，从而招揽更多的客人。而在电影文本中打扮符号的接收者——性消费者们看来，芙蓉的这套装扮或许是出于满足自我的生存需求，但也不排除她可以借此实现引人关注的目的。从某种程度上可以看出，文本中的打扮符号的发送者和意义接收者的意图具有一致性，而身为旁观者的观众却可以在打扮文本中读出更加深层次的意义。芙蓉褪去工作的打扮之后，回归生活的她没有了浓妆艳抹，却在简约中多了一份清新脱俗（如图3-6所示），又有谁可以看得出这份清纯的背后却背负着艳俗打扮的负担。前后两者之间的巨大反差，如同白昼和黑夜之别，给观众带来了震惊，随之而来的则是深刻的反思。

图3-5　电影《天注定》中芙蓉工作时的打扮

图 3-6　电影《天注定》中芙蓉的日常打扮

符号在表意过程中涉及意图意义、文本意义以及解释意义三种形式。在小说与电影艺术中打扮符号的三种意义分别以打扮人物、人物的打扮以及打扮的接收者的视角为载体体现，而读者或是观众则可以以旁观者的姿态，处于虚构框架之外，结合整个文本的文化语境对这三个意义进行整合，从而建构出更深层次的、全新的意义概念。从某种程度上说，符号意义具有"无限衍义"的可能性，忠实于文本呈现出的符号本体，读者或观众才是符号文本的终极解释者。

第四节　打扮的符号学分类

这里所讨论的打扮特指人类所具有的，在符合社会规约的基础上，为达到自我理想形象的目的，而采用的一切可以用以形象塑造的行为的总称，例如化妆、服装、饰品等。而打扮叙述则是在小说与电影文本中用以表现打扮符号所涉及的叙述文本。在对打扮符号及其文本叙述的范畴有所了解后，对打扮符号进行分类研究则是系统并有效掌握这一类符号的基础。

索绪尔认为符号与对象之间的关系是任意武断的，"能指和所指的联系是任意的"[1]，并没有切实可以把握的理据存在。而皮尔斯则将理据性作为其理论体系的基石，符号的理据性使符号学摆脱了语言学所提出的狭隘的符号范

---

① 费尔迪南·德·索绪尔：《普通语言学教程》，高名凯译，北京：商务印书馆，1999 年，第102 页。

式，扩大了符号的适用范畴，把符号概念从单纯的语言学领域引入更加广阔的社会文化领域。皮尔斯的符号三分式理论（triadic theory）将符号共分为三个方面：具有直观表现性的"第一性"（firstness）；"坚实的，外在的，能够表达意义"的"第二性"（secondness）；接收者具有解释权的"第三性"（thirdness）。皮尔斯认为，按照符号与对象之间的表现关系，符号可以被划分成三种：像似符号（icon）、指示符号（index）以及规约符号（convention）。[①]

所以，依据符号对象的三分法对打扮符号进行符号学的系统分类，也可以笼统地将其分为像似符号、指示符号和规约符号三种类型。此三种类别分别具有自身的特点和表现方式，其中在小说和电影文本中不同人物对打扮的筛选和表现也包含于这三类符号之中。

"像似性"比较直观，指向对象靠的是"像似性"，简单来讲，在像似符号中符号与对象的关系一目了然，有一种"再现透明性"[②]。符号努力表现对象的特点，从而让人有效地识别符号自身的意义。主体利用打扮行为明显地再现他物，其中最突出的表现便是文身。原始人以及现在非洲一些部落的族人，会将其所崇拜的图腾动物作为自身打扮的对象。通过其身体表面的显性打扮，人们可以较为容易地与被模仿的图腾产生联想。在西方的传统节日万圣节中，人们会将自己装扮为各种动物或是特殊的具有代表性的事物，这种打扮所反映的是像似性选择。当主体在打扮上刻意寻求同他者的一致时，主体便用像似的手段通过打扮符号达到期望预期值。

王安忆在《长恨歌》中塑造了一个"上海名媛"——王琦瑶，她的美丽在着装的衬托下更加楚楚动人。"他说，红和翠自然是颜色的顶了，可是却要看在什么地方，王琦瑶好看是不露声色的美，要静心仔细地去品的，而红和翠却是果断的颜色，容不得人细想……所以，他建议红是粉红，和王琦瑶的妩媚，做成一个娇嫩的艳；绿是苹果绿，虽然有些乡气，可如是西洋的式样，也盖过了，苹果绿和王琦瑶的清新，可成就一个活泼的艳。"[③] 粉红的如同桃花，翠绿的犹如苹果，虽然只是服装颜色的变化，但这却是通过颜色的像似让王琦瑶

---

① 参见：Paul Cobley, Litza Jansz: *Introducing Semiotics*，Cambridge：Totem Books, 1997, p.31.

② 赵毅衡：《符号学：原理与推演》，南京：南京大学出版社，2011年，第79页。

③ 王安忆：《长恨歌》，海口：南海出版公司，2003年，第69页。

瞬间成为"百变名媛"，王琦瑶的妩媚动人抑或是清新脱俗都在这一红一绿的映衬下显现出来。

　　不同于小说叙述所带来的较朦胧的感官感知，电影媒介则通过画面这种更加直接的方式来实践像似性打扮符号。在电影《夺面双雄》（*Face/Off*，1997）（如图3-7所示）中，人物男一号为了达到同男二号完全相像的样貌，不仅在发型、身材等方面对男二号进行模仿，而且通过极端的方式将二者的脸部进行了置换。但事实上像似仅仅是在于外在形式上的相像，而一个人的气质却是油然而生，不易被模仿的，处于本质的内核无法通过打扮的像似性选择发生变化。这也是为什么作为观者总能够在细节之处，通过人物所表现出的气质将二者区别开来。

图3-7　电影《夺面双雄》中人物脸部置换的造型

　　不可否认，"像似不一定是图像的，可以是任何感觉上的"[①]。与直观视觉的像似相比，听觉像似以声音符号为媒介，建立在主客体之间对符号意义共享的基础上。具有听觉像似特征的打扮叙述在小说文本中，并不能被有效把握，因为在小说中声音往往是以语言的形式进行呈现，例如用线性的语言对声音产生的来源进行叙述，比如头饰的金属撞击声；再如通过拟声词对不同质地的服饰进行场景还原，比如衣服摩擦时所发出的"窸窣"声等。与小说相比，视听艺术的媒介特点在电影艺术中得到了很好的运用，影响媒介对听觉符号进行表现十分容易。这里所讨论的"听觉打扮"是指因人物打扮而发出的附属声音。比如不同材质的衣服摩擦声、首饰之间的撞击声等。电影《铁娘子》（*The*

---

　　① 赵毅衡：《符号学：原理与推演》，南京：南京大学出版社，2011年，第79页。

Iron Lady，2012）中，撒切尔夫人（如图 3-8 所示）针对欧洲货币一体化的问题表达了强硬的态度，当画面中只剩人物独处时，电影特写了撒切尔夫人颤抖的双手所带的首饰碰撞发出的微弱的金属撞击声。首饰的声音在电影特写中被放大，人物性格虽然强硬，但颤抖的首饰声音传达出了人物的紧张感，从而真实地再现了人物性格中较为柔弱的一面。听觉打扮能够被人感知的一个重要原因，在于打扮符号的接收者，即读者，与文本之中的人物经验产生共鸣："超真实的感官'功放'连通那些我们以平常经验建立起来的知觉形象，并且通过知觉的中转与另外的感官体验联系起来。"[①]

图 3-8　电影《铁娘子》（*The Iron Lady*，2012）中撒切尔夫人的打扮

嗅觉打扮则因为电影和小说的文本限制，观众和读者并不能身临其境地感受到，但读者或观众却可以通过叙述者的叙述，根据社会生活和文化经验的认知对叙述文本进行身体经验性的感知，间接体味嗅觉打扮所带来的像似感觉。这种意义共享的实现，来源于读者与人物之间的情感联系和事实上所产生的共鸣。《闻香识女人》（*Scent of a Woman*，1992）（如图 3-9 所示）中，人物因为视觉能力缺陷，只能通过其他感觉器官与他人进行交流，男主人公便神奇地可以通过女人身上的香水以及护肤品来了解其秉性和喜好。当我们在谈论打扮的时候，很大程度上会忽略气味这一元素，事实上，气味符号也是打扮符号完成意指过程重要且特殊的部分。虽然视觉化是打扮符号的首要性质，视觉在信

---

① 何一杰：《嗅觉通感的视听传达——以电影〈香水〉为例》，载《符号与传媒》，2013 年第 7 辑。

息获取过程中的贡献也远远超过其他感官，但嗅觉却是连接电影艺术中视觉画面与读者真实体验之间的桥梁，从而实现了"跨符号系统表意"。脱离电影艺术来谈嗅觉打扮，同样能够反过来为打扮主体的视觉打扮增加韵味。正因如此，迪奥的香水广告才从不吝惜呈现妆容精致、穿着考究的广告人物（如图3-10所示）。

图3-9　电影《闻香识女人》（*Scent of a Woman*，1992）

图3-10　迪奥香水广告截图

与电影艺术中着眼于视觉、听觉、嗅觉的具体某种感官的打扮叙述不同，小说文本常通过打扮对人物风格进行一种整体的渲染。人物气质的体现并非通过某一处的视觉、听觉或嗅觉的展示，而是打扮主体由内而外的显现，叙述恰到好处地一笔带过却让整个人物都生动起来。在《红玫瑰与白玫瑰》中，张爱玲用鲜明的文字叙述了诸多女性的不同打扮，小说中呈现了玫瑰、娇蕊、烟鹂三个具有不同性格特征的女性，其中，她是这样形容玫瑰的："她的短裙子在膝盖上面就完了，露出一双轻巧的腿，精致得像橱窗里的木腿，皮色也像刨光油过的木头。脑后剃出一个小小的尖子。没有头发护着脖子，没有袖子护着手臂，她是个没遮拦的人，谁都可以在她身上捞一把。"①

"红玫瑰"本是因其艳丽的色彩而给人以热情的感觉，文本中人物的打扮就如同其名字所代表的性格——热情奔放。"她和振宝随随便便……在外国或是很普通，到中国来就行不通了……那是劳神伤财……"② 玫瑰的举手投足都写满了妩媚，她的这份艳丽少不了撩人的打扮给人所带来的"玫瑰"一样的热情，这种像似是一种整体的感官的感知，而这也恰恰是打扮的最高境界。

上文所涉及的两种"像似"，无论是对他物的模仿还是对特定感觉的再现，只能作为局部像似，因为读者或观众始终处于虚构文本之外，与人物的交集也仅仅限于叙述者通过打扮符号所叙述出的人物，并非同人物之间进行实际的对话，所以对人物的感知始终是对打扮符号所呈现的局部像似的感知。而在生活中人们则尝试用身体的各种打扮达到理想中极端的完全像似，例如诸多电视模仿秀节目。模仿者会从打扮、语言、动作等各个方面尽可能地模仿被模仿者，用极端的像似来接近观众的心理预期，正是"像"与"是"之间的"真实"差距最终形成了预期与事实之间的巨大张力。

"指示性"是符号与对象之间存在的某种必然联系，"尤其是因果、邻接、部分与整体等关系——因而能互相提示，让接收者能想到其对象，指示符号的作用就是把解释者的注意力引到对象上"③，接收者通过感知符号可以联想到对象背后的指示内涵。打扮符号，尤其是各种用以打扮的饰品，作为艺术想象与社会规约的结合体，除了具有反映个性化的时尚选择、美化主体、提高审美情趣的功用，还承担着遵循社会规约，传播社会文化的任务。

在费兹杰拉德的小说《了不起的盖茨比》中，布坎农和黛西举行婚礼的前一天，他送给"她一串价值高达三十五万美元的珍珠项链"。在社会传统认知

---

① 张爱玲：《红玫瑰与白玫瑰》，广州：花城出版社，2009年，第103页。
② 张爱玲：《红玫瑰与白玫瑰》，广州：花城出版社，2009年，第104页。
③ 赵毅衡：《符号学：原理与推演》，南京：南京大学出版社，2011年，第83页。

中，由男方送来的首饰总是会指示婚姻，因而这串珍珠项链就成为婚姻的指示符号。然而，由于突来的盖茨比的信件，黛西对即将开始的婚姻感到怀疑，甚至将这价值连城的项链扔到了垃圾桶里。事实上，在步入婚姻的最后时刻，黛西又选择了安于现世："我们走出房间时，那串珍珠项链已经戴在她脖子上。"对于黛西来说，项链在这里指示着婚姻，而人物对它的态度则反映了黛西对婚姻从否定到期待的暗示。

打扮符号所发挥的指示性作用，在小说文本中会有特殊的文字特写。针对具体的打扮符号，叙述者会着重描述，而非从头到脚、从内到外地对人物的打扮进行全方位还原。打扮符号的指示性作用突出的表现，在于通过特定的打扮符号对人物自身进行指示。例如小说《发条橙》中怪诞和时髦的打扮是该小说夺人眼球的亮点之一，必要时叙述者直接用打扮本身暗示人物，在柯罗瓦奶吧，亚力克斯一行人遇到坐台小姐，"三个坐台小姐之一，染绿头发的，伴着那所谓的音乐把肚子一挺一收的"[1]。叙述者亚力克斯对坐台小姐并不了解，最初他所能把握的只有人物的外形打扮，便选择了最具代表性的绿头发进行描述。在这里叙述者用部分指代整体，"绿头发"是坐台小姐身体的一部分，也是对她本人最有效的指称。

与小说相比，电影媒介所具有的影像和声音为打扮的指示性作用提供了平台，观众可以直观地调动视觉和听觉感官识别符号背后的文本意义和社会文化意义。小说的线性语言只叙述有效的人物信息，无关信息则采用留白的方式不予叙述，让读者发挥想象力，从而进行场景还原。但电影媒介的银幕边缘，恰好为人物以及其出现的场景搭建了一个舞台："创作者能在平面上表现构图的景深，同样地，银幕虽然限制了观众的视野，但可以组织和引导观众去感知事物。"[2] 感知并非是没有方向性的联想，指示性符号的存在便为观众的感知范畴划定了可感区域，有限的银幕边界承担了无限的感知作用。

"指示符号的作用，就是把解释者的注意力引到对象上。"[3] 电影的场景为人物和情节的建构提供了背景，反过来，人物特定的打扮也可以暗示不同的背

---

① 安东尼·伯吉斯：《发条橙》，王之光译，南京：译林出版社，2011年，第6页。

② 达德利·安德鲁：《经典电影理论导论》，李伟峰译，北京：世界图书出版公司，2013年，第21页。

③ 赵毅衡：《符号学：原理与推演》，南京：南京大学出版社，2011年，第83页。

景环境。打扮与背景环境之间的互证特性，提供了打扮的特殊性对场合所具有
的指示作用。电影《霸王别姬》改编自李碧华同名小说，电影文本中程蝶衣和
段小楼带妆的画面必定暗指演出的场景，特定的打扮成为电影中人物完成从常
人到演员身份转变的关键（如图 3-11 所示）。张爱玲的短篇小说《年轻的时
候》中有这样的片段："报纸上的手指甲，红蔻丹裂痕斑驳。汝良知道那一定
是校长室里的女打字员。"① 在这里，指甲油的残缺成为男主人公推断女主人
公职业的关键符号，指甲油的指示性作用推动了文本叙述的进行。

图 3-11　电影《霸王别姬》中人物的舞台打扮

　　当人物的打扮无法融入环境，打扮主体与电影中的背景环境出现矛盾的时
候，两者之间所形成的巨大张力是人物形象塑造和情节进一步突转的前奏。此
种情况下，打扮符号作为人物的指称，同背景之间的指示作用被削弱，但与文
本背景一同形成新的指示符号，对人物的形象、性格以及稍后剧情的发展会产
生指示性作用。

　　"规约符号"是符号和意义之间的关系受社会约定而形成的符号，与对象
之间没有理据性连接的符号，也就是索绪尔所说的具有"任意/武断"性的符
号。② 该符号是研究社会文化存在的重要线索，任何表达形式都是一个社会集

---

　　① 张爱玲：《年轻的时候》，选自《红玫瑰与白玫瑰》，北京：北京十月文艺出版社，2009 年，第
3 页。

　　② 赵毅衡：《符号学：原理与推演》，南京：南京大学出版社，2011 年，第 86 页。

体习惯的结果，以约定俗成为基础。初始，规约符号的符号形式与解释项之间并没有理据上的一致性，与其他符号相比，"完全任意的符号比其他符号更能实现符号方式的理想"①，而规约符号则是在人类社会历史发展的过程中形成的一种话语权的想象。

规约化的打扮符号首先是社会约定俗成的产物，最具代表性的例子就是各种礼节性符号等具有明确社会约定意义的事物。例如，从最初作为宫廷妇女用以避免君王"御幸"的标记②，到演变为婚姻的信物，戒指从来不只是一个用以表达审美情趣的打扮标记，更是财富的象征和风俗文化的见证。张爱玲的小说《色戒》中易先生带着王佳芝来到珠宝店看戒指的时候，有一瞬间王佳芝被易先生所递来的戒指感动得忘记了自己的使命。一枚戒指之所以可以使小说的剧情发生巨大反转，在于在集体习惯的历史进程中，爱情的概念已经根深蒂固地镌刻在该社会规约符号之上。

---

① 费尔迪南·德·索绪尔：《普通语言学教程》，高名凯译，北京：商务印书馆，1999 年，第103 页。

② 《三馀赘笔》："古者后妃群妾以礼进御于君，女史书其月日，授之以环，以进退之。"

第四章　打扮的文化阐释：文化与选择

人们对意义的把握，常常是从一个符号着手，但仅仅通过单个符号却又不足以把握整个意义，因而相关联的符号集群则承担了建构整个意义的作用。符号接收者所接触的，仅仅是符号的单个代表项，但在实际操作中"为了使记号具有说服力，必须还有其他相伴的记号"①。符号的多义性，需要特定的组合段对其进行规约，从而以语境的规定来获得意义。小说和电影艺术所具有的通俗性、趣味性的特质，使其成为大众文学和社会文化发展传播的重要载体。一个社会的文学和文化的发展受到时间和空间的影响，相应地会形成不同阶段所特有的历时和共时文化，反映在文学作品和电影文本中则成为衍生特定文学艺术作品的特定文化语境。

此外，雷蒙·威廉斯（Raymond Henry Williams）也曾表示："认为价值或艺术作品在不参照它们得以表现的特定的社会情况下是可以充分进行研究的这种看法当然是错误的。"② 任何有价值的艺术载体，都或多或少地表现出真实的社会文化背景。首先，一个有着人文情怀的小说作者或电影导演，多少都会将自己的艺术作品作为反映社会的一面镜子，将时代和地域文化的烙印投射到文本中。而作为文本最终意义的接收者和阐释者，读者和观众也会不自觉地将虚构作品中所传递出的文化意义和内涵，同真实世界中的社会文化状况相对比，并用自我所存有的，且已经被社会同一意识形态所边缘化了的独立感知去对既定时代文化进行反思和修正。事实上，不难发现任何可以对社会文化以及意识形态造成波动的影响，都或多或少是从文学艺术作品发端的。文学艺术作为意义的载体，可以用一种较为温和的方式对人们进行启蒙，相比暴力反抗的

---

① 罗兰·巴尔特：《符号学历险》，北京：中国人民大学出版社，2008年，第66页。
② 雷蒙·威廉斯：《文化分析》，选自《文化研究读本》，北京：社会科学出版社，2000年，第130~131页。

破坏性和直接性，它更能潜移默化地作为新的意识形态对个体进行渗透，从而实现意识形态的反转。

通过艺术作品研究文化以及社会意识形态的构成，从文化和文学艺术本身来看，具有实在的可操作性。如果说产品的包装是一个企业形象的缩影，那么人的包装则是个体所在社会的文化和意识形态建构出的镜子。打扮是他者审视个体进而了解一个社会的窗口，当涉及小说和电影艺术文本时，打扮以直观的文字叙述以及突出的视觉性冲击将艺术创作者个人的体验再现于人物形象中。身为符号接收者，读者也会不自觉地被叙述者拉入虚构世界，见证虚构文本中意识形态在人物身上的痕迹。

任何符号都不是单一的个体，而是在组合轴和聚合轴共同运作的前提下所形成的有机整体，能够统一地表达一个完整的意义。对于打扮符号双轴的研究有利于讨论其符号表意活动展开的历时和共时规律，而进一步体现在艺术文本中，符号双轴又对推动文本情节发展、人物性格形象塑造具有重要意义。符号对象背后聚合段的范围决定了符号的"宽"与"窄"的呈现。打扮叙述中人物打扮的窄幅选择是遵循社会主体意识的选择，而宽幅特色则是人物自身个性的体现。符号并不是一个单纯封闭的个体，它具有再生的无限衍义性，符号衍义的可能性在于其所表征的文化存在的多义性。

文学作品和影视文本中的打扮符号是文化选择的结果："我们将服饰看作社会习俗，将其同自我认知的个性装扮和穿着喜好相区别，因而，我们的研究可以分为不同的类别，其中对社会衣装可以按照以下进行分类：年龄、性别、阶层、教育水平以及不同文明。"[①] 其中，在小说和电影文本为主的大众文学艺术之中，人物形象具有典型的普遍性特征，打扮叙述的背后是文化有规律地进行自我筛选，时间和空间的筹码在符号修辞的语言中显现。

第一节 打扮习俗与时尚：符号重复

人类的意识并非凭空凌驾于事物之上，需要符号进行连接，而意识所传达

---

① Barthes, Roland. *The Language of Fashion*. Translated by Andy Stafford, Oxford: Berg Publishers, 2006. p. 9.

的意义也并非直接就能够被获得，因而把握符号与意义之间的意向性关系成为理解符号表意的关键。打扮符号最初表意模式的确立也并非一蹴而就，而是在"重复"的作用下生成的。"重复是意义的符号存在方式，变异也必须靠重复才能辨认：重复与以它为基础产生的变异，使意义能延续与拓展，成为意义世界的基本构成方式。"① 通常意义下的打扮礼仪是在不断的重复和强调之下确立的，并非严格意义上的规约使然；当打扮逐渐发生变异，在变异中发展并成为一种时尚的时候，仍然需要符号重复对其时尚地位进行确认；谈及个人的打扮风格和习惯，以及由此所引申出的主体的性格身份等，无不是在符号重复的影响下被建构出并被主体自身和他者所认知和接收的。

"重复作为符号的一般品质"②，使意义不断地累加，符号的指向意义也逐渐确立。在传统社会中，有很多"约定俗成"的风俗习惯。如果放诸语言学，索绪尔认为"约定俗成"是所指代事物的"能指"和"所指"之间关系确立的关键，但是"约定俗成"的符号意指并非凭空而来，而是在符号不断的使用和重复之中得到加强和巩固。中国的服饰传统博大精深，一些习俗意义在几千年的朝代更迭中因不断地重复越来越突出，乃至于任何时间和空间的限制都不会使其意义指向受到撼动。龙袍是历代帝王的标志性符号，也是中国服饰文化体系中的重要组成部分。从最初的神话开始，盘古、女娲、神农、黄帝等形象都与"龙"脱不开关系。《说文解字》中对"龙"做出过如下解释："龙，鳞虫之长，能幽能明，能细能巨，能短能长，春分而登天，秋分而潜渊。"③ "龙"具有神圣尊贵的寓意，为历代皇帝所青睐，而这一意象可以追溯到 8000 年之前④。从新石器时期开始，龙纹就不断在各种器物和装饰品中出现，并逐渐实现了由神权向王权的转变，而这一意义转换的完成正是龙符号在历史中不断被重复的结果。龙袍与皇权之间的紧密联系，也在历代帝王身上持续重复，乃至于人人皆知，"约定俗成"。"如果这种积累是正相的，社会性地一再重复使用，会不断增加该符号的理据性，理据性增加到一定程度，我们就称之为一个象

---

① 赵毅衡：《形式之谜》，上海：复旦大学出版社，2016 年，第 70 页。
② 赵毅衡：《形式之谜》，上海：复旦大学出版社，2016 年，第 71 页。
③ 许慎：《说文解字》，北京：中华书局，1978 年，第 245 页。
④ 黄能馥：《龙袍探源》，载《故宫博物院院刊》，1998 年第 4 期。

征。"① 因而龙袍早已在社群的重复使用中突破了其生理使用功用，而更多被看作皇权的象征。

　　尽管今天早已没有了两千多年封建社会严苛的等级制度，平民大众也可以将龙袍作为自己的选择，但是这一服饰背后所承载的奢华贵族品位和审美情趣却丝毫没有消减。裙装属于女人，领带属于男人，在特定的语境和场合中需要与身份相符的打扮，这些约定俗成的法则在人类社会早已是心照不宣，而这种默契就是打扮符号不断被重复的产物。

　　较为深刻地理解和把握事物，需要多次意义活动的积累才能实现，这也是为什么打扮符号与意义之间在重复中会呈现出比较稳定的关系。当然，打扮符号作为流行时尚的阵地，也会在某一时期呈现出特定的文化特色。例如梅花妆（如图4-1所示）一度成为唐朝妇女所追捧的妆容，而当时这一化妆手法是从宫中开始流传的。段成式在《酉阳杂俎》中对梅花妆的流行曾经这样描述："今妇人面饰用花子，起自上官昭容，所制以掩黥迹。"② 上官昭容即名噪一时的上官婉儿。本来为了遮掩脸上的瘢痕而迫不得已的打扮，却因出自名人上官婉儿而逐渐从宫中流行开来。

图4-1　正仓院鸟毛立女屏风仕女③

　　"梅花妆"是唐朝妇女化妆的一种面妆，是花钿的一种。花钿又名花子、

---

① 赵毅衡：《形式之谜》，上海：复旦大学出版社，2016年，第77页。
② 段成式：《酉阳杂俎》，北京：中华书局，1981年，第79页。
③ 邱忠鸣：《时尚梅花妆：中古中国女性面妆研究札记一则》，载《艺术设计学院》，2012年第3期。

媚子，施于眉心。据《太平御览》记载，梅花妆源于宋武帝的女儿寿阳公主：
"宋武帝女寿阳公主。人日卧于含章殿下，梅花落额上，成五出花，拂之不去，
经三日洗之乃落。宫女奇其异，竞效之。"① 至于梅花妆究竟始于寿阳公主还
是上官婉儿，学术界无从考证②，但其始于宫中却是确凿。一种时尚风格之始
往往是源于社会地位较高的群体，之后才向地位较低且具有绝对数量优势的社
群传播。"如果社会形式、服装、审美判断、人类表达自我的整体流行风格借
时尚而不断变异，那么，所有这些事情中的时尚——最新的时尚就仅仅影响较
高的社会阶层。一旦较低的社会阶层开始挪用他们的风格，即，越过较高社会
阶层已经划定的界限并且毁坏他们在这种时尚中所具有的带象征意义的同一
性，那么较高的社会阶层就会从这种时尚中转移而去采用一种新的时尚，从而
使他们自己与广大的社会大众区别开来。"③

当时社会对梅花妆的追捧和不断尝试，不仅在于女性的身体实践，从文人
反复吟唱的诗歌中亦足以看出这一文化现象的影响力。五代前蜀时期诗人牛峤
作《红蔷薇》："若缀寿阳公主额，六宫争肯学梅妆。"南宋汪藻词《醉花魄》
也有吟唱："小舟帘隙，佳人半露梅妆额，绿云低映花如刻。恰似秋宵，一半
银蟾白。"诗词中对梅花妆这一打扮现象的书写，恰是从文学层面对其进行重
复，这对社群的"意识"获得尤为重要，业已形成的经验经过不断的吟唱意义
更加巩固，人们在意识中记忆，进而进行传达，流行开来便是水到渠成的
事情。

无论是符号重复所形成的约定俗成的打扮风俗，还是由于符号重复而引领
的社会时尚，都是在重复作用下打扮的集体倾向性的表现。该符号的重复同样
对主体自身认知和身份建构产生作用。"衣食住行"是最琐屑的生活表现，却
又是最真实的写照。个人的自我身份认同便在这些最为细微的行为选择中不断
被加强和塑造。"个体行动之社会场景愈具有后传统特性，自我身份认同之核
心部分（即其形成与再形成）便会愈多关涉生活方式。"④ 打扮方式是个人身

---

① 孙机：《唐代妇女的服装与化妆》，载《文物》，1984年第4期。
② 孙机：《唐代妇女的服装与化妆》，载《文物》，1984年第4期。
③ 齐奥尔特·西美尔：《时尚的哲学》，费勇译，北京：文化艺术出版社，2001年，第74页
④ 安东尼·吉登斯：《现代性与自我认同》，夏璐译，北京：中国人民大学出版社，2016年，第
76页。

份外现的重要渠道，同时也参与了塑造自我身份，在重复行为之下，自我认同被潜移默化地建构着。

在电影《公主日记》（*The Princess Diaries*，2001）（如图 4-2 所示）中，主人公米娅（Mia Thermopolis）是一个地道的美国高中生。千篇一律的高中校服、爆炸的发型、具有书呆子气的眼镜等是米娅的日常打扮元素，尽管已经得知自己是吉诺维亚国的公主，但她在内心深处仍然觉得自己是个被人忽视的高中生。直到拉直了头发，修正了眉毛，修剪了指甲，戴上了隐形眼镜，米娅看到镜子中的那个自己时，已经悄然向公主身份迈出了一步。之后在每日严苛的打扮要求之下，米娅改变了自己的身份，从内心接受了自己从一个莽撞的高中生转变为一国公主的事实。打扮的变化使主人公开启了对自我新的认知，而通过打扮对自我身份持续性的重复强调则进一步完成了人物新身份的建构。

图 4-2　电影《公主日记》（2001）中人物的学生打扮和公主打扮

个人对异国形象的想象源自社会的集体想象，这种对异国形象的认知往往不是亲历者的一手感知，而是通过诸种媒介，例如小说、电影、绘画等艺术来间接获得。而电影这一视觉艺术，更加直接地将社会集体想象物传播开来，例如，西方就用电影给人们带来的视觉重复效应来建构西方中心主义的话语权，而这也为银幕上被扭曲和曲解的异国形象提供了一个合理的说辞。

美国电影在全世界享有绝对的影响力，而在其发展过程中，中国人被好莱坞所塑造的形象也发生了显著的变化。然而，无论怎么变化，中国人的形象打扮都时常呈现出异化的状态，要么是处于一种被看者的猎奇心态的审视之下，要么就被边缘化为可有可无的存在。事实上，西方人对中国人形象的认知，恰恰是在电影直观的视觉想象之中建构出来的，而美国电影在世界范围内的影响力又将这种非真实性的想象无限放大，被电影无限次重复所建构的人物形象则逐渐成为西方人对东方形象最为"真实"的证据。

最早在默片时代，中国人形象就已被搬上了银幕。电影《残花泪》(*Broken Blossoms*，1919) 讲述了一个名叫程环的华人与白人少女露西的故事。程环是由白人演员扮演的，因而只能通过人物打扮对华人身份进行渲染，尽管背景发生在 20 世纪 20 年代的英国，但人物的打扮却以黑色马褂和瓜皮帽为主要元素，而这些恰恰是清末男子的标志性装扮（如图 4—3 所示）。电影中有一个情节，程环给露西拿来了他珍藏的一套典型的清代女装，带有刺绣的喇叭口圆领褂，外加一双绣花鞋，然而露西头上所戴的发卡以及耳套却略显突兀。电影中西方世界对东方的想象就是这种具有区别身份作用的中式装扮，无所谓演员是否为中国人，穿着这身行头就成了西方人眼中的东方人。

图 4—3　电影《残花泪》中人物略显怪异的打扮

《残花泪》中的中国人形象少了些许男性的阳刚，反而呈现出一种阴柔的气质，人物程环也总是眯斜着眼睛（或许与西方人对中国人的刻板印象有关，他们认为中国人应当都是小眼睛），佝偻着背，对露西表现出一种渴望。如果说在某种程度上，《残花泪》是对中国人形象的扭曲，那么在傅满洲系列电影中呈现出的人物形象，则是对中国人赤裸裸的歧视。傅满洲是个身材瘦削，细长眼，留着八字胡，穿着清朝朝服的邪恶博士（如图 4—4 所示），他集合了西方人对华人的所有想象。傅满洲系列电影共有十几部之多，傅满洲的华人形象在这些虚构的想象之中被不断地重复，以至于长久以来西方人都是在"傅满洲"的阴影之下审视中国人。

图4-4　傅满洲系列电影中的傅满洲形象

　　从 20 世纪末期开始，中国的功夫逐渐成为好莱坞的宠儿，中国人演变成了善于打斗的形象，而与之对应的人物装扮也以功夫服饰为主。正因如此，能够在好莱坞留下痕迹的中国演员无外乎是以武打闻名的李小龙、成龙等人。即便是华人女星，想要在好莱坞的电影中露面也必须会两招功夫才可以。例如李冰冰在《生化危机5》（*Resident Evil：Retribution*，2012）中的冷酷杀手造型（如图 4-5 所示），《变形金刚4》（*Transformers：Age of Extinction*，2014）中能够打斗的女高管（如图 4-6 所示），丝毫显露不出东方女性的柔美，反而在黑色的服装和硬朗的打扮下多了一丝英气。中国人的形象随着好莱坞电影的传播不断在受众的意识中重复，被建构出的四肢发达的"功夫形象"逐渐成为西方世界对华人新的意识形态想象。

图4-5　电影《生化危机5》中演员李冰冰的造型

图 4-6　电影《变形金刚 4》中演员李冰冰的造型

　　默片时代对中国式传统打扮的重复显现，是当时西方世界中最真实的中国形象，之后因为"功夫想象"，西方人重新建构了中国人的形象。但无论如何，由于时间、空间的局限以及西方世界由来已久的自我优越性认知，很难较为真实且客观地将中国人形象展现在银幕上。在西方世界的注视下，中国人难免成为被审视的"他者"，而作为形象建构者的西方人会不自觉地映射出以自我为中心的文化优越感，其中，对中国人的形象的异化则是重要表现。可以说，这种样板式的民族想象就是在成千上万次的形象重复下形成的，而视觉化的打扮则是建构这一形象最为直观而且也是最为容易把握的切入口。

第二节　打扮符号的伴随文本

　　任何符号文本都并不能够单独存在并表达意义。事实上，符号文本是由大量潜在元素汇聚而成的意义集合体。"任何一个符号文本，都携带了大量社会约定和联系，这些约定和联系往往不显现于文本之中，而只是被文本'顺便'携带着。"① 尽管打扮符号明显地携带着打扮主体的自我意识和目的性意义，但这一符号从最初的生成，到符号接收者实现符号意义的解码，整个意义的实

————————
　　① 赵毅衡：《符号学：原理与推演》，南京：南京大学出版社，2011 年，第 143 页。

践过程并非由打扮主体单独完成，而是与该符号文本相联系的社会文化语境相联系。其中，打扮的显性伴随文本主要是通过特定打扮的主题加以说明，视觉环境同样也可以发挥打扮文本显性伴随的作用。而打扮的生成性伴随文本则离不开历时轴中前打扮文本的影响，以及共时轴中同时文本的作用。打扮文本的解释性伴随文本则略显随意，除了对打扮文本具有专业倾向性的评论，更多是作为符号解释者的他者对打扮的接收和阐释，而先后打扮文本也对指引特定社群打扮的发展提供了想象和延伸空间。

　　符号的显性伴随文本是游离于符号表面的伴随因素，有时甚至比符号本身还要醒目。其中显性伴随文本的主要类型之一就是副文本（paratext），是可以直白地展现符号文本意义的文本元素，例如小说的标题、序言、插图等。而对于打扮符号来说，最重要的副文本就是其所在的视觉环境。不同的语境对整个打扮符号意义的建构起到关键性作用。由于生活性打扮并没有特别突出的区别性元素存在（生活性打扮符号在社会规约的进程中，很大程度上已经被抹去了特殊性存在的可能），因而环境因素则成为把握打扮符号表达主体身份的主要渠道。对于在企事业单位工作的人来说，仪表正式、大方是一般性的要求，难免使不同性质的工作很难通过仪表打扮进行区别。在统一的打扮要求下，例如统一要求的制服，富有区别性的装饰，如美容店要求员工统一用紫色的眼影，不同航空公司的空姐会佩戴不同花色的丝巾（如图4-7所示），则是仪表打扮最为明显的副文本。制服上显示出的公司、部门的名称或特殊性的打扮符号文本能够为确定身份起到重大作用，人们通过该副文本可以有效地对不同人物身份进行把握。

图 4-7　亚速尔航空公司空姐制服（左）墨西哥航空公司空姐制服（右）①

　　上述打扮符号的副文本，严格意义上可以被看作打扮符号的一部分，而打扮符号的另一种副文本类型则更加宏观，可以明显地被看作打扮文本的框架。例如，在巴黎时装周 2017 秀场中②，若干个单元共同组成这一时装盛事。而每一单元也有其特定的主题，如"中性风采"（如图 4-8 所示）"复古风潮"（如图 4-9 所示）、"未来主义"（如图 4-10 所示）。这些主题并没有像标签一样明显地出现在模特的装扮上，而是作为一个虚拟的、意义上的框架通过整个打扮进行呈现。这些存在于人们意识中的潜在主题就是打扮符号的副文本，尽管作为文本表层的伴随因素呈现，但对符号意义的解读起到关键性作用。"过于热衷于副文本因素，可能让人放弃独立的个人解读评判"③，正如时装周中展出的打扮时尚，如果诸多风格的作品被打乱，而没有统一的主题（即副文本）作为参考，那么打扮符号的接收者则可以按照个人喜好对其主题进行解读。

①　http://www.sohu.com/a/120948943_231651. 2017 年 4 月 30 日。

②　http://www.eeff.net/wechatarticle-13541.html, 2017 年 4 月 30 日。

③　赵毅衡：《符号学：原理与推演》，南京：南京大学出版社，2011 年，第 145 页。

图 4-8　巴黎时装周 2017 秀场·
中性风采

图 4-9　巴黎时装周 2017 秀场·
复古风潮

图 4-10　巴黎时装周 2017 秀场·未来主义

从某种程度上可以认为，打扮符号的副文本映射了符号所在的语境。尽管并非属于打扮符号本身，但这文化语境却成为接收者第一时间接收和理解符号意义的出发点。统一的制服和妆容是特定集体的标志，而时装主题的划分又为引导观众对打扮意义的诠释提供了线索。当然，一件衣服、一种面妆、一个舞台都可以带来关于此文本未经宣布的诸多信息，但这些成分永远不能取代文本本身，我们解读文本也并不能完全局限于副文本。如果过分执着于副文本的呈现，我们难免会受到迷惑而无法辨别真假。社会中许多骗人的伎俩就是因为骗子利用打扮的副文本对其自身进行包装，从而取得人们的信任。而一味执念于时装秀场所给定的主题，则会陷入定势思维而失去自我见解，作为时装的打扮可以被看作一种艺术，艺术阐释的多样化则并非拘泥于单一主题。

除了副文本，生成性伴随文本也是伴随文本的另一种类型"在文本生成过程中，各种因素留下的痕迹，称作生成伴随文本"①。其中，最主要的表现有前文本（pre-text）。所谓的前文本是指符号文本生成之前的全部文化联系，最主要的是文化语境元素。例如沈从文的《中国古代服饰研究》，针对中国古代不同时期的服饰类型以及文化意义做出解读，为当代中国风和复古风流行的打扮风格提供了历史借鉴。

与生成性伴随文本相比，解释性伴随文本则较为直接地与符号文本相联系。这种联系可以是文本产生之前已经发生的联系，或是文本存在之后产生的直接影响。先文本/后文本（successive text）是指两个文本之间有直接联系的文本，正如电影文本和与之对应的小说文本之间的关系，后者就为前者的先文本。后文本的生成直接源于先文本，二者存在十分紧密的关系。作用于打扮符号之中，先/后文本的表现十分明显。近年来日本的流行文化角色扮演（cosplay），越来越受到年轻人追捧。"……按照自己喜欢的虚构角色来打扮自己"②"粉丝通过打扮和表演日本流行文化背景中的卡通形象来表达他们对此的迷恋"③。在角色扮演文化现象中，很明显，动漫中虚拟的人物角色的固定

---

① 赵毅衡：《符号学：原理与推演》，南京：南京大学出版社，2011年，第147页。

② N. Lamerichs，"Stranger than fiction：Fan identity in cosplay". *Transformative Works & Cultures*，2010．

③ J.R. Taylor. Convention cosplay ：subversive potential in anime fandom. The University of British Columbia，2009，p. 21.

打扮是先文本，而粉丝以此为蓝本在自己身上的打扮尝试则可以被看作后文本。西方的万圣节也有类似的打扮传统，而这一打扮则不局限于动漫作品，人们可以选择任何先前出现过的形象，或是影视文本中的人物或者其他事物，无论是何种选择都是先前出现过，并被大多数人所熟知的形象（如图 4－11、图4－12 所示）。当某个明星的机场秀被宣传出来，接收者难免受到报道的影响而对明星的打扮进行追捧；同样的情况也出现在电影等影视剧文本之中，每当一部电影卖座，电影中人物的打扮也会掀起一阵潮流。电影《战狼 2》（2017）风靡之后，马上就有商家将人物身上的子弹头项链推出同款产品（如图 4－13所示）。随着信息媒介多元化的发展，明星的机场秀以及影视作品中人物的形象造型或是无时无刻存在的广告，都会对打扮符号接收者的自我打扮造成潜移默化的影响，而这一前一后的打扮行为则形成了打扮符号的先文本和后文本。

图 4－11　电影《冰雪奇缘》中的人物形象

图 4－12　依照《冰雪奇缘》打扮的人物形象

图4-13　电影《战狼2》同款项链热卖

其中元文本（meat-text）就是解释性伴随文本中对"此文本生成后被接收之前，所出现的评价，包括有关此作品及其作者的新闻、评价、八卦、传闻、指责、道德或政治标签等等"[①]。无论是机场秀的宣传，还是对电影等影视文本中特定人物打扮的追捧，这些副文本的出现可以被看作间接地对打扮符号进行评介的方式，而评论性报道则是对符号较为直接的解释。这些评论的内容直指打扮符号本身，因而该同时文本的建构较为直接。例如，时尚杂志"VOGUE"就专门针对人们的腰带装饰进行过评价："军绿色的腰带缠在腰间打结，突破了约定俗成的游戏规则，标新立异。"（如图4-14所示）"拼接牛仔裤，芭蕾舞鞋，白色上衣用黑色腰带打结装点，丝巾优雅别致，整体造型优雅清新。"[②]（如图4-15所示）尽管以上提及的副文本与打扮文本的生成并没有直接的关系，但却为打扮文本在时间轴上的变化提供了可能。对机场秀的关注侧面要求艺人重视自我打扮，作为某位明星或影视剧的粉丝，则也会尝试从这些打扮之中寻求同一性；而时尚杂志则直指打扮符号本身，并且通过较为细致的分析解构打扮符号，为符号接收者理解和实践打扮提供了范本。从某种程

---

① 赵毅衡：《符号学：原理与推演》，南京：南京大学出版社，2011年，第148页。
② http://www.vogue.com.cn/invogue/dress-q/news_1111d2320abe26cb.html. 2017年4月30日。

度上讲，打扮潮流就是这样逐渐产生的。

图4-14　"VOGUE"中的腰带装饰　　图4-15　"VOGUE"中的腰带装饰

第三节　建构规律：双轴筛选

赵毅衡认为文化即"社会表意活动的总集合"①，而任何符号表意活动的展开都是在双轴操作下完成的，从索绪尔提出这个概念至今，双轴作用仍然是讨论符号跨不过的一道门槛。因为符号并不是单一存在的，它处于关系之中，同该符号区别又联系的其他符号参与了该符号的形成。在索绪尔的理论体系中，双轴被分为"联想轴"与"组合轴"，之后的符号学者将其改称为"纵聚合轴"（paradigmatic）与"横组合轴"（syntagmatic）。双轴理论的提出已经超越了语言学范畴，进而可以适用于文化生活中的其他意指行为中。双轴所代表的横向和纵向的两个层面，其实对应于人类两种不同的心理活动："比较"和"连接"。

在索绪尔提出双轴概念之后，罗曼·雅各布逊（Roman Jakobson）在《两种语言观和两类失语症》中将该概念引入非语言环境，并提出了隐喻和换

---

① 赵毅衡：《文化：社会符号表意活动的集合》，载《社会科学战线》，2016年第8期。

喻两种修辞方式，分别对应索绪尔的"系统的秩序"和"组合段秩序"①。事实上对于大多数艺术作品来说，由于艺术符号对象的发散性和多义阐释性的特质，接收者对此进行分析的元语言就是隐喻性的，例如"俄国抒情诗、浪漫主义和象征主义的作品、超现实主义绘画"② 等等。在这些文本之中，"隐喻与对象形成同构"③，读者通过对象所涉及的系统秩序来把握其背后所给出的隐喻概念。《洛丽塔》中，纳博科夫通过人物亨伯特的叙述视角描述洛的打扮："她穿着方格布衬衫、蓝布牛仔裤，脚下一双帆布运动鞋。"④ 洛是个十一二岁的少女，正值青涩的青春时节，而亨伯特的性幻想对象恰恰是这样还未褪去青涩的少女。叙述者不止一次地描写洛的"蓝布牛仔裤"，简单而富有活力的着装背后映射的是性感少女洛尚存的稚嫩，稚嫩的性感恰恰是亨伯特欲望的投射场。

"聚合轴"所表现的是符号之间的聚合、选择关系。索绪尔对其的理解是"凭记忆而组合的潜藏的系列"，因而它反映的是一种"联想关系"。所被划作聚合关系的各个符号个体之间存在着某种共性特征，依靠比较、选择确定既定符号的存在。"聚合轴的组成，是符号文本的每个成分背后所有可比较，从而有可能被选择，即有可能代替被选中的成分，也是符号解释者体会到的本来有可能出现于文本的成分。"⑤ 因而，各个符号之间的功能是"比较与选择"。同样是打扮，选择什么样的衣服，裤子还是裙子，以及何种颜色的服装，则是打扮在服装选择这个环节中可能存在的聚合状况。

人类的文明史中文学文本卷帙浩繁，文化风俗也不尽相同。是什么使得文学经典、文化精粹能够从林林总总的选择中脱颖而出，是经典和精髓所具有区别性或典型性的特质，因而在比较批评中可以赢得绝大多数批评家的关注，从而使其在纵聚合轴的比较筛选中获得一席之地。因此可以看出，"批评性经典重估，实是比较、比较、再比较，是在符号纵聚合轴上的批评性操作"⑥。与文学经典被有目的地进行选取一样，经典中人物形象的构成也是由小说作者或

① 罗兰·巴尔特：《符号学原理》，李幼蒸译，北京：中国人民大学出版社，2010年，第35页。
② 罗兰·巴尔特：《符号学原理》，李幼蒸译，北京：中国人民大学出版社，2010年，第35页。
③ 罗兰·巴尔特：《符号学原理》，李幼蒸译，北京：中国人民大学出版社，2010年，第36页。
④ 弗拉基米尔·纳博科夫：《洛丽塔》，主万译，上海：上海译文出版社，2013年，第64页。
⑤ 赵毅衡：《符号学：原理与推演》，南京：南京大学出版社，2011年，第161页。
⑥ 赵毅衡：《两种经典更新与符号双轴位移》，载《文艺研究》，2007年第12期。

电影导演有意创造出来的。通过纵聚合轴的选择，打扮符号满足了艺术创作者的好尚，更是虚构世界的语境对人物形象做出的要求。打扮叙述的聚合轴可以进入符号发送者的选择成分，也是符号解释者可以感知的可能被选择的成分。

喜剧电影《窈窕奶爸》（*Mrs. Doubtfire*，1993）（如图 4-16 所示）讲述了一个男扮女装的父亲通过假扮奶妈，最终赢回自己的孩子和前妻的故事。在此电影中，打扮符号是推动故事情节反转，并塑造人物喜剧形象的元素中不容忽略的对象。银发、丰满的胸部、开襟线衣以及丝袜、长裙和高跟鞋等，人物丹尼所假扮的英国奶妈呈视的这些打扮符号是在单个聚合符号系统中组合筛选的结果。丹尼的目的在于伪装为一位妇人，所以，在打扮的过程中，他倾向于选择裙子而不是裤子，同样是高跟鞋，选择女性化的高跟鞋就比中性化的高跟鞋更有说服力。

图 4-16　电影《窈窕奶爸》剧照

组合轴所表现的是符号之间的组合关系。与聚合轴单个符号的系统不同，组合轴中的任何一个被选中的符号"都在受某些制约因素支配的秩序中相互联结起来"①。组合关系"就是一些符号组合成一个有意义的'文本'的方式"。这些符号由一定的组合规律衔接，并完整地成为一个系统，可以形成高一层次的新的符号。比如，一套完整的打扮符号系统需要考虑到帽子、衣服、鞋子等服装，化妆的风格以及首饰和携带的物品等，所有这些"类"的共同作用形成了整个打扮系统，因为是各类符号的组合作用于一个系统，所以各类之间的功能所呈现的是"邻接黏合"关系。

事实上组合轴的存在就如同衣橱、鞋帽柜、化妆盒等有分类功能的储藏

---

① 罗兰·巴尔特：《符号学原理》，李幼蒸译，北京：中国人民大学出版社，2010 年，第 41 页。

体。这些打扮类别中不同款式的衣服、不同类型的鞋帽、各种各样的化妆品等就是聚合轴的选择。但无论是组合还是聚合，它们只能作为最终结果的一个静态选择对象，而决定符号最终表现形态的是打扮主体的选择。同时，不可否认，时间和空间的因素也直接影响了打扮的形式。比如，在电影《花样年华》（*In the Mood for Love*，2000）、《时尚女魔头》（*The Devil Wears Prada*，2006）等换装电影中，打扮有其自身的搭配选择和审美规律，主人公或是因为不同的背景转换而适当地做出外在打扮的改变。在图4-17中餐厅的公共环境下，《花样年华》的女主人公穿着较为素雅；而在图4-18中，背景环境转换为卧房，在这种比较私密的环境中女主人公的打扮则略显性感。由于时间的变化，经过"成长"后的人物，对自我形象定位会产生新的认同感。图4-19是《时尚女魔头》中人物还未进入时尚圈的扮相，随着人物的学习和成长，图4-20中主人公的打扮实现了反转。

图4-17　电影《花样年华》中的人物在餐厅时的打扮

图4-18　电影《花样年华》中人物在卧房中的打扮

图 4-19　电影《时尚女魔头》中人物成长前的打扮

图 4-20　《时尚女魔头》人物换装后的打扮

　　钱锺书的小说《围城》中也不乏对女性打扮的叙述。起初主人公方鸿渐在船上遇到鲍小姐，对其有如下描述："她只穿绯霞色抹胸，海蓝色贴肉短裤，漏空白皮鞋理露出涂红的指甲。在热带热天，也许这是最合理的装束，船上有一两个外国女人就这样打扮。"① 鲍小姐的着装和打扮比较随意慵懒，这种打扮的选择有其特定时间和空间背景作为依托，倘若鲍小姐在正式的舞会上着此衣衫，就会同既定的环境背景相违和。

　　若对打扮的组合和聚合情况进行分类，或可以形成如下表格：

---

　　① 钱锺书：《围城》，北京：人民文学出版社，1980 年版，第 4 页。

表 4-1　打扮的双轴分类表

	聚　合		
组　合	场景	运动场	办公室	舞会
	面妆	素颜	淡妆	浓妆
	服装	运动衣	正装	礼服
	鞋	运动鞋	皮鞋	高跟鞋
	其他	运动帽	公文包	首饰

　　表 4-1 通过几种具有代表性的打扮组合情况，呈现了打扮符号的"组合"和"聚合"的建构方式。打扮的组合和聚合的结果又指示了不同的文化语境。通常情况下，符号的组合一旦形成，聚合成分的选择自然就退出操作平台。正如表 4-1 中的运动场环境下，"运动衣"进入打扮系统的组合轴中，与其同一平台的"正装"则退出聚合选择轴。社会文化语境、文本语境等背景环境是推动符号组合轴操作的动力。但并非聚合轴不再在符号构成中发挥作用，当打扮符号脱离了组合范畴下的聚合规律时，聚合轴筛选便呈现出非规律性的标出特质。这种没有规律的规律性组合连接，在打扮叙述中最主要表现于后现代艺术作品之中。这种执拗的标出，所展示的是人物对现实语境的不满与失望。安东尼·伯吉斯在作品《发条橙》最后表明，小说文本中少年时髦的服装，厚重的靴子，奇特的发型（如图 4-21 所示）暗示了，"他们是'时代精神'的化身，似乎想借此直白地表露他们对世界霸主英国战后衰落的失望情绪，并为爱德华王朝扩张时代招魂，至少通过他们的服饰"①。打扮符号系统的组合轴作用，看似在《发条橙》中被边缘化了，但作为符号表意的双轴之一，它以隐蔽的方式通过伯吉斯所建构的"新爱德华"风格进行呈现，标榜的是 20 世纪 60 年代末英国所盛行的青少年暴力团伙现象。

---

① 安东尼·伯吉斯：《发条橙》，王之光译，南京：译林出版社，2011 年，第 197 页。

图 4-21　电影《发条橙》中青少年的妆扮

与此同时，除去社会文化语境的作用，聚合筛选脱离组合规约的打扮符号，还可以反映于艺术化的人物形象和艺术作品之中。电影《龙文身的女孩》（*The Girl with the Dragon Tattoo*，2011）中，主人公独特的个性装扮，偏向中性的服饰选择，无不迎合了该人物早年多舛的生活经历对其内心所造就的独特的人际关系感知和艺术审美倾向（如图 4-22 所示）。这个独特的艺术形象的塑造，是在规律性的组合轴操作下，具有标出性特征的存在，而以此塑造的艺术形象恰恰是导演的目的所在：通过人物打扮符号的聚合筛选，强调人物个性从而实现艺术表现。

图 4-22　电影《龙文身的女孩》中的人物打扮

第四节　时空选择：宽幅与窄幅

决定符号选择的聚合段的内容并不唯一，因为不同时代、不同种族、不同文化的原因会导致聚合段宽窄不一。所谓的"宽幅"是指符号接收者所感知的符号相比预期有很大可变性。"窄幅"则同宽幅相反，是指符号接收者所感知的符号符合预期，没有过多变异的情况。"宽幅聚合轴的投影，使组合风格变动大得多，有更多的意外安排，也就是说，宽幅导致风格多样化。"① 巴尔特将流行服装作为自己的研究对象，"流行"所代表的是一个时代宏观的"窄幅"选择。例如 20 世纪六七十年代女性的装束。"她们的衣着已经完全远离了花花绿绿，更不要说大红大紫了。她们着装的色彩比较单一，一般是军黄或湛蓝，从款式上看已经无人敢穿连衣裙或百褶裙，更不要说那些超短裙了。"② 而现今在全球化和多元化的交流和渗透中，流行时尚早已没有了唯一标准。

图 4-23　20 世纪六七十年代中国女性着装③

事实上，当一个时代或一个社会看似窄幅的打扮，放置于另一个时代或社会时，窄幅的限制性恰好会转变为新的宽幅；当打扮除去了时间和空间的限制，任何个体都以宽幅作为自己的选择时，极限的"宽幅"便以有限的"窄幅"进行呈现。在古希腊文明中，人体一丝不挂的裸体状态是崇高美的顶峰，

---

① 赵毅衡：《符号学：原理与推演》，南京：南京大学出版社，2011 年，第 161 页。

② http://www.360doc.com/content/16/0615/00/2369606_567843739.shtml.

③ 图片来源：http://www.360doc.com/content/16/0615/00/2369606_567843739.shtml. 2017 年 3 月 5 日。

因此涉及古希腊的艺术作品——绘画、雕塑、诗歌、小说等，无不推崇没有打扮的人体。而在东方文明的代表——中国看来，道德和伦理的规约不允许我们在外裸露身体，层层包裹的外衣下才是合乎礼义廉耻的"美"。不同地域的文化接受度是影响符号宽窄聚合段的主要因素。

而同一个社会不同时期的文化，也是影响打扮符号聚合段宽窄的因素。国内 20 世纪六七十年代打扮的极度窄幅选择，在当下是再好不过的个性化的宽幅选择，事实上由于时间和空间的变换，"没有唯一标准"的"窄幅"选择下所包裹的是极度宽幅的选择。"窄幅"进入"宽幅"的规律同样适用于艺术作品，尤其是具有反传统特色的后现代艺术。

在小说《发条橙》中，人物的造型设计具有超时代性。作者虚构了一个超越时间的太空时代，该时代的代表人物——亚力克斯等人，拥有反现实的反叛性，具体体现在"时髦"的打扮上："当时时兴黑色贴体紧身服，它缀有我们称为果冻模子的东西，附在下面胯裆部，也能其保护作用，而且把它设计成各色花样，从某个角度可以看得很清楚。当时我的胯裆是蜘蛛形，彼得的酷似手掌，乔治的很花哨，像花朵，可怜的丁母拥有一个土里土气的花样，活像小丑的花脸。"[1] 不仅是被称为小流氓的亚力克斯等人的打扮具有反现实的超前性，奶吧的柜台小姐也打扮入时："格利佛上是紫色、绿色、橘红色假发，每染一次的花费，看样子不低于他们三四个星期的工资，还要配以相应的化妆品，眼睛周围画着彩虹，嘴巴画得又宽又大。"[2] 以上叙述是作者在小说开篇，对人物的打扮进行着重描写的片段。叙述者直观的具有视觉冲击力的打扮叙述，为读者建构了一个反传统、超现实、道德沦丧的混乱社会。看似极度宽幅的打扮，在《发条橙》这个反传统、反现实、反道德的未来社会中成为司空见惯的存在，周身充斥的都为标出性的怪异打扮，使打扮符号的标出不再为一种标出。当青春悸动下的反叛不足以满足打扮标出所带来的奇异感的时候，青春也就不复存在了。这也是为什么在小说的末尾，叙述者亚力克斯一反暴虐的本质，对读者说："对对对，就是这样的。青春必须逝去，没错的。而青春呢。不过是动物习性的演绎而已。"[3] 回归家庭、回归传统成了主人公"下面要玩

---

①　安东尼·伯吉斯：《发条橙》，王之光译，南京：译林出版社，2011 年，第 4 页。
②　安东尼·伯吉斯：《发条橙》，王之光译，南京：译林出版社，2011 年，第 5 页。
③　安东尼·伯吉斯：《发条橙》，王之光译，南京：译林出版社，2011 年，第 194 页。

的花样"。

通过以上的论述可知，时间和空间选择中的文化语境，很大程度上决定了打扮的宽窄之分。但事实上，宽幅和窄幅之间存在显在的相对性，符号宽幅聚合段能够被识别的基础在于，窄幅聚合段在一段时期内已被大众普遍接受，所以宽幅所具有的丰富选择的可能性成为被标出的筹码，与此同时，宽幅聚合背后对广泛聚合选择的投影使得符号文本接收者产生"耳目一新"的感觉。另一方面，并不能完全将打扮聚合段的丰富程度作为决定宽窄的因素，在不同时间、空间的背景环境中二者可以互相转换。

打扮叙述的视觉可读性特质，决定了其在电影中能够更充分地发挥宽幅聚合的作用，但由于观影者和文本中的打扮叙述接收者并非处于同一文化语境之中，电影文本中的人物往往比观众知道得少，从而人物通过打扮叙述的宽幅作用所产生的"标新立异"的情感，与观众全知性的接收结果形成明显的反差，文本内外的两种视角产生巨大的喜剧效果。电影《上帝也疯狂》（*The Gods Must Be Crazy*，1980）中故事的背景发生在一个远离文明的部落中，文化背景的特殊性导致里面人物的着装主要是原始的草裙，人物对打扮的可选性相对较少，因而是窄幅的，而当原始部落的人看到衣着显亮的"现代人"时，难免被其打扮的宽幅聚合段所吸引（如图 4-24 所示）。

事实上，产生巨大的戏剧张力的原因，来自两个文明背后不同的文化。与部落文化相比，现代文化必然是宽幅的。作为电影文本的观众，对此种在现代社会中毫无宽幅可言的大众服饰已经熟知，便不会产生文本中人物的惊诧感。而观众从虚构与现实、宽幅与窄幅之间的巨大张力以及特殊的打扮叙述中找到了喜剧所带来的快感，此快感来源于时间和空间转换下的文化符号与语境之间的不对等性。

图 4-24　电影《上帝也疯狂》中人物的打扮

　　与《上帝也疯狂》中所涉及的两个文明冲突下的打扮宽幅聚合不同，电影《时尚女魔头》从开始就进入大量的装扮选择画面，从服装和鞋的搭配到面部妆容，再到耳环等装饰饰品的筛选，人物的背景环境被设定于物质享受极大丰富的 21 世纪，其中人物所从事的工作也是与流行服饰相关的时尚行业（如图 4-25 所示），人物的打扮在虚构文本（电影）中有很多可选性，体现出的打扮符号的聚合段是宽幅的，因此人物的打扮较先前有较大的变化，通过各色的风格服饰将自己与大众区别开来。而作为 21 世纪的观众，我们同样生活于虚构文本的文化语境之中，能够以信息接收者的角色，感知到电影中人物因为"变身"而带来的闪耀的、不同于他人的自信，并将这种熟悉的情感自然而然地投射到现实世界之中，因而与影片中的接收者产生共鸣，同样可以感知人物经历打扮宽幅作用后的"靓变"效果。

图 4-25　电影《时尚女魔头》中的片头剪影

　　小说文本中的打扮叙述，或许并不能够像电影艺术一样给观众带来直观的视觉宴飨，但却同样可以给读者提供人物打扮的宽幅与窄幅聚合段变化的感知。这种符号宽窄的体现，一方面还是源于文化规约，与直观性的电影文本相比，多了一丝隐秘性，需要读者充分发挥自我的身体感知和联想，将生活经验投射到虚构的文学作品中来感知文本。当文本所涉及的人物是个地位略高、家境优越的人物时，作为读者，自然而然会产生联想，将炫丽华美、林林总总的打扮符号赋予该人物，这时人物的打扮所反映的是一种显性的宽幅状态。倘若人物最终在情节中并没有呈现出本应在社会文化语境下对应的打扮，叙述则必然会发生突转，进而形成推动故事情节的悬念。

另一方面，着眼于小说文本本身，显性的打扮叙述在小说中是以较宽的聚合段呈现的。小说文本语言叙述的线性特点，导致叙述者不会将全部进入文本的人物一一进行详细的描述，而是选取主人公或是对情节具有推动作用的人物的打扮进行叙述。如此筛选恰恰是叙述者有选择性的叙述体现，如此一来，打扮就具有较宽的适用性，在文本中可以进入若干聚合段中。

莫泊桑的短篇小说《项链》因为一个女性的饰品项链展开，主人公希望通过一条"价值连城"的项链来提升自己的社会地位。事实上，在朋友那里这条项链只是一条赝品。虽然是同一条项链，但由于情节需要，则同时作为真品以及仿制品两个不同的符号事物存在于主人公和其朋友手中。项链作为特殊的符号载体，可以进入不同的聚合段单元之中（对于人物来说是唯一的真品，对于其朋友来说是所有项链中的一个赝品），在不同聚合单元所产生的冲突恰恰是提升小说张力，凸显小说文本主旨的一种手段。

第五节　修辞意义：打扮符号修辞及"四体演进"

无论何种文明、何种时代，打扮都具有一套按照自身社会文化规约的打扮符号体系、风俗以及相应的文化表意形式。尽管打扮是打扮主体外现的一套模式，但归根结底是一个"关系符号"。无论是主体为了符合社会规约，或是希望可以获得他者的青睐，还是为了满足个体对自我的认知和满足，都表现出个体与社会、个体与他者、个体与自身之间的关系。也就是说，打扮主体通过打扮这个符号载体，建立起内在与外在之间的意义联系，如此一来，打扮的问题就演变为讨论符号表意过程的问题。

宽泛地讲，人类的所有行为，包括语言和打扮行为，都属于修辞

（rhetoric）。对意义的讨论离不开对修辞的探讨，而任何符号表意系统的最终完成，都离不开"符号修辞"的参与。作为表意功能，修辞可以在符号发送者创造符号的时候协助修饰符号文本，从而使得符号接收者能够有效地对符号进行解码。"修辞系统下活动的沟通方式具有更为宽泛的意义，因为它为信息开创了一个社会的、情感的、理念的世界。"[①] 修辞的存在拓宽了意义的实践形式，并打开了表意的新模式。

一般意义上所理解的修辞学属于语言学范畴，是"加强言辞或文句说服能力或艺术效果的手法"[②]。修辞学的源头可以追溯到古希腊，无论在东方还是西方修辞学都是一门古老的学问，对其研究也是经历了几个世纪，因而部分学者认为对修辞学的研究已经走入了死胡同，直到21世纪的"语言学转向"的出现，有效地推动了修辞学的复兴和发展，"当代文化中大规模的'符号泛滥'，推动了修辞学从语言转向符号"[③]。

修辞学从语言向符号的转向大大拓展了修辞学的研究范围，从最初的语言范畴脱离而出，迈向了更广泛的符号领域。因而修辞符号学的媒介不仅仅局限于语言，影视、音乐、表演等媒介中同样可以有修辞的身影。"我们会发现修辞格几乎都是各种媒介共有的，与渠道或媒介并不捆绑在一道。"[④] 在实际操作过程中，符号修辞比语言更加自然，因为它可以调动多个感官将远物拉近，从而获得全新的符号意义。

探讨不同的打扮类型中所暗含的符号修辞格，在当下社会具有现实的迫切性：现代多元化社会的影子或多或少会在打扮中呈现，而人们对自我的重视也越发反映在打扮符号上。从最初的适用于社会规约到现在更倾向于自我满足，打扮符号正在发生着从外向内的表意变化趋势。因此，讨论打扮符号表意的修辞问题，在某种程度上是对通常意义的打扮的一次更正，引导大众对打扮中自我言说的重视，而非单纯地理解为在文化规约的语境下的书写。

事实上，相比音乐、绘画等非语言符号修辞的研究，对打扮符号修辞的把

---

　　① 罗兰·巴特：《流行体系：符号学与服饰符码》，敖军译，上海：上海人民出版社，2011年，第38页

　　② 赵毅衡：《符号学：原理与推演》，南京：南京大学出版社，2011年，第164页。

　　③ 赵毅衡：《修辞学复兴的主要形式：符号修辞》，载《文艺理论》，2011年第1期。

　　④ 赵毅衡：《符号学：原理与推演》，南京：南京大学出版社，2011年，第187页。

握会更加困难，因为它的系统更加庞杂，涉及的形式和元素也更加多样。符号归根到底在于通过讨论"关系"达到意义的言说，而打扮所涉及的关系又尤为复杂。将电影和小说文本作为研究打扮的对象则更加困难，在某种程度上可以将小说叙述中的打扮叙述看作是语言和非语言修辞的结合体，而这也恰恰提升了文本讨论的难度，因为它并不是封闭性的文本，所以意义会在具体的文化语境中，根据读者的自由联想进入文本解释层面，由此使该文本的表意成为一个动态的过程。

一、仪式性打扮中的主导符号修辞

打扮作为仪式的重要组成部分，也是很多人类学学者研究的重点。许多学者认为仪式性的打扮是人类打扮的最初形式，甚至认为其比满足人类最基本的生理需求还重要。因为前文明时期的图腾崇拜是一个部落得以凝聚、传承的信仰基础，而每个部落所特有的图腾也被创造性地融入整个族群的打扮中。反过来讲，此时的打扮是使仪式能够有效进行和传承的媒介，在很大程度上通过打扮符号才能有效地把握社群中所存有的风俗文化。传统的仪式性打扮中蕴含着符号比喻、符号暗喻这两种主要的符号修辞格，使得打扮从单纯的物自体本身，演变为一种具有"象征性"的存在，并用以建构同一认同的社群文化和社会规约。

比喻（metaphor）是最常见的一种修辞方式，"……往往被认为是语言的最本质特征，整个语言都是比喻积累而成。任何符号体系也是一样，是符号比喻积累而成。任何符号都是从广义的比喻进入无理据的规约性"[①]。比喻修辞的存在大大拓展了人类对认知世界的把握，意义的丰富性也源于此。比喻是符号对应意义的概念关系，这种对应关系有的比较直观，比如明喻（simile）；有的比较隐晦，比如隐喻（metaphor）；有的是部分暗指整体，比如提喻（synecdoche）；有的言此而喻他，比如转喻（metonymy）。

明喻最大的特点是直接的强迫性链接，"代表项"可以直指"对象"，解释者不会忽略其中明显的比喻关系。因为不是语言修辞，所以打扮符号文本中并不会明显地出现语言修辞中的"像""如"等连接词用以明确明喻的指称对象。

---

① 赵毅衡：《符号学：原理与推演》，南京：南京大学出版社，2011年，第188页。

在打扮文本之中，符号明喻主要通过"语境意义"，将打扮符号与其喻旨符号体系相连接，使符号接收者能够强制性地选择指定的意义进行解读，从而获得某种"仪式感"。

例如，在举行大型集会或祭祀活动中，祭司或部落中的人员会用颜料以及动物的牙齿、羽毛等进行打扮，让自己看起来更像是自然界中的动物。因为多数的部落有图腾崇拜的传统，他们会将自己族群的动物图腾作为模仿的对象，作用于"旗帜、族徽、柱子、衣饰、身体等地方"，这也是学者们对原始社会进行研究的主要着力点，因为这些比喻符号背后蕴含着重要的历史文化意义。

另一方面，前文明时期的部落人，为了能够在生存中具有竞争力，便通过打扮行为使自己的形貌更加接近自然的原始状态，从而起到隐藏或震慑的作用。比如在非洲，至今还有一些部落的人们，用各种颜料和黏土将树叶和树根做成配饰戴在头上以装饰自己，而他们所模仿的恰恰是大自然本身。除了可以满足审美的需求，这种打扮还具有隐蔽性保护的实用效果（如图4-26所示）。

图4-26　埃塞俄比亚苏尔玛部落女孩的打扮①

电影文本可以通过视觉图像将人物的打扮符号表现给观众。小说文本则由于其文字的线性叙述特质，无法直观地让读者感知打扮对象，所以需要用语言文字对打扮进行描述，难免在符号比喻过程中使用"像""似""如"等连接

---

① 图片来源：http://go.huanqiu.com/html/2015/picture_0325/2014_4.html. 2017年3月15日。

词。但打扮叙述自身所特有的形式化特征，为读者发挥指引性联想提供了方向。语言的模糊性，恰恰为读者的想象力发挥打开了大门，如此来看，打扮性叙述在小说文本中实现了由静态向多元化动态的转化模式。

符号隐喻也是仪式化打扮的一个很重要的修辞方式。首先，仪式性的打扮很大程度上来源于社会规约下的约定俗成，具体表现在人与社会、人与他者之间的关系中。特定的仪式场所需要特定的打扮，这是最简单不过的道理。与此同时，打扮已经超出了单纯的生理性需求，其背后所指代的符号意义才是其作为仪式性符号存在的关键。

首先，符号再现体对文本中所呈现的情感进行暗示。隐喻的喻体和喻旨之间的关系具有隐秘性，需要接收者对发出者的意图进行揣测。正因为隐喻的暗示而又非直接的特点可以产生隐晦的朦胧而又不乏深意的效果，受到众多作家和导演的青睐。安东尼·伯吉斯的《发条橙》中人物夸张的打扮传达了作者对既定社会的批判。电影《花样年华》则叙述了一段男女主人公之间徘徊不定、无疾而终的恋情（如图4-27所示），两人的感情是在枯燥的婚姻生活失败后，爱情的又一次青春焕发。电影中周璇所唱的歌曲《花样的年华》很明显是一个明喻，也是电影名字的出处。但具有审美鉴赏力的观众不难发现电影中最抢眼的莫过于陈太太（张曼玉饰）穿过的27套旗袍。各种颜色和花式的旗袍编织出一条情感的网，导演王家卫企图用这如花一般各色的旗袍作为隐喻，从而暗示了两人之间稍纵即逝的爱情。

图4-27　电影《花样年华》剧照

其次，仪式性打扮还可以通过社会规约的意义像似来体现。婚礼仪式场景在电影文本中经常上演，其中经典的场景莫过于《教父》（*The Godfather*，1972）中的盛大婚礼。婚礼上教父的女儿穿着洁白的婚纱，婚纱所暗指的是新娘的圣洁，但同时也是这个家族鼎盛时期的缩影（如图 4—28 所示）。历史上最初西方的婚纱同中国一样是传统的红色，直到伊丽莎白女王结婚的时候选择了白色作为婚纱的颜色，才引领起新的礼服传统。有种说法认为，因为白色容易被玷污，只有家境显赫的人才能够负担得起，所以比较高贵。所以，白色婚纱作为暗喻符号，在象征新娘圣洁的同时，又可以暗示婚礼双方新人显赫的地位和家世。

图 4—28　电影《教父》剧照

符号明喻和符号暗喻之所以能够成为仪式性打扮表意中的两种主要修辞，与打扮符号所建构的文化意义和文化认同是分不开的。仪式的根本功能在于传承和建构文化。符号明喻使得仪式性打扮的表意过程更加明晰直接，符号的喻体和喻旨之间的联系需要仪式语境的参与，所以阐释社群必须发挥文化元语言的作用，才可以实现打扮的喻体和喻旨之间像似性或是规约性的文化联系。其中打扮的符号明喻具有"不证自明"的武断性。而符号暗喻则更多同文化习俗相衔接，而且在社群中具有普遍接受性的规约仪式。正如赵毅衡所提出的："象征是一种二度修辞格，是比喻理据性上升到一定程度的结果。"[1] 所以，在某种程度上，打扮的符号明喻和符号暗喻使打扮符号本身逐渐从"物"的实体

---

[1]　赵毅衡：《符号学：原理与推演》，南京：南京大学出版社，2011 年，第 204 页。

中脱离，更像是一个"象征物"，承载更多物自体之外的文化意蕴，从而成为仪式的重要组成部分。仪式上特定的打扮是巩固文化传承和延续文化认同的重要媒介。

二、交际性打扮中的主导符号修辞

与仪式性打扮相比，社会生活中的打扮的意指关系并不明晰，打扮已经从文化元语境中进入了关系语境，符号所真正代表的意义需要符号接收者的自我解释，从打扮主体意图到接受者的解释意图，二者之间具有一定的"时间间隔"。另一方面，交际性打扮的目的在于满足一段关系的实现，打扮主体在交际中的主要任务在于处理自身与他者的关系，而打扮则是语言之外最具说服力的武器，恰当的打扮能够有效传达出打扮主体期望的关系语境，接收者也可以以此为根据解释发送者所期望的两者之间的关系。

在交际性打扮的表意过程中，这种实践主要是通过"符号转喻"和"符号提喻"这两种修辞格表现出来的。这两种修辞使发送者通过打扮传达的关系意义不至于太过直接，具有一种婉转的效果。由于身份是一份关系中最重要的成分，对身份的言说便成为打扮存在的意义所在。事实上，一个社群中并非任何时候主体都会将自我的身份做成胸牌展示出来，而是用打扮作为自己身份、地位或是财富能力的一角。接收者通过这裸露的一角便可以窥见冰山在水下所暗藏的绝大部分。

"符号转喻"是用一种相关事物代替另一事物，"转喻的意义靠的是邻接，提喻靠的是局部与整体的关系"。打扮通过符号转喻可以指出打扮主体的地位、偏好、性格等主观性的倾向，这也是关系中的接收者搜集信息并进行加工整理的关键性元素，为进一步跟进关系提供可能。打扮叙述的符号转喻在小说文本中可以得到很好的运用，叙述者可以通过文字自由地传达对人物打扮的看法，进而对隐含读者产生影响；电影文本则更多的通过画面，而非直接表达叙述者情感的语言文字。但转喻符号在电影文本中的符号意指同小说文本相比，则会具有更多解读的可能性。

例如，徐坤在短篇小说《厨房》中向我们塑造了一个褪去女强人外衣，女人味十足的枝子。小说中对枝子有这样一段描述：

> 甚至枝子还带来了围裙，柔软的白细棉布套头裙，腰间勒一根细带

子，自上而下洒下一捧捧勿忘我小碎花。绵软的白裙贴在她身上，正好勾勒出枝子腰条的纤细。枝子的头发本来可以戴上与围裙配套的棉布帽，以免熏进油烟味儿。但她想了想，还是将帽子舍弃，将头发挽了几挽，然后向上用一枚鱼形的发卡松松一别，这样，她乌黑发亮的秀发就尽显在男人松泽的视野。①

叙述者通过对人物枝子装扮进行细致的叙述，向读者传达的绝非一个干练、坚强的女强人形象，反而是个婀娜依人的"小女人形象"。枝子的"女人味儿"并非单纯地由叙述者平铺直叙地告知读者，而是通过她特有的打扮，发挥符号转喻的修辞作用，较为隐秘和温和地呈现。棉质的衣服通常暗示家居生活，而小碎花的衣裙则体现出枝子内心所拥有的女孩的悸动，发卡的点缀更让枝子摇身一变，从一个"职场女性"成为一个妻子。枝子的整套行头成为人物所希冀的与松泽关系的转喻，成为向接收者传递人物身份和人物对话的前奏。

与此同时，在打扮符号修辞中，还存在另一种符号修辞辞格，也是交际性打扮的表意模式之一——符号提喻。"符号转喻"和"符号提喻"是两种不同的符号表意过程。在前者中，"喻体"与"喻旨"之间是"邻接"的关系，涉及两个单独的事物，而"符号提喻的喻体和喻旨之间是局部与整体的关系"②。喻体从属于喻旨。事实上，无论是电影文本还是小说文本，在篇幅上都具有一定的局限性。任何叙述都具有选择性，并不会对整体有严格的叙述限制。从这个层面上可以看出，理解"符号提喻"对把握整个文本意义的重要性。因为打扮所展示的是一个统一的系统，在上一节中笔者已经分析了打扮的双轴操作，所以叙述者可能只给出部分打扮符号，然而接收者却可以根据这部分对整体打扮进行创造性还原。"提喻使图像简洁优美、幽默隽永，言简意赅。"③《了不起的盖茨比》中，菲茨杰拉德笔下的盖茨比着装笔挺、考究，在还没有真正了解到盖茨比的人物背景时，叙述者尼克早已通过他的打扮见识到了他的富有。从广义上讲，盖茨比的豪华大厦也可以看作人物的"包装"，因而，盖茨比的着装以及他的大厦就是其身价的提喻。

---

① 雷达：《近三十年中国短篇小说精粹》，武汉：长江文艺出版社，2003 年，第 148 页
② 赵毅衡：《符号学：原理与推演》，南京：南京大学出版社，2011 年，第 194 页。
③ 赵毅衡：《符号学：原理与推演》，南京：南京大学出版社，2011 年，第 195 页。

从符号学角度看打扮符号，符号转喻所主导的打扮叙述是符号发送者和接收者之间关系建构的开始，引导接收者对符号文本所涉及的社会文化身份进行解读。而符号提喻则成为辨别人物身份和地位的重要修辞辞格，尤其是相互陌生的个体之间，打扮的符号提喻则为指引接收者把握人物的人格身份提供了可能性。

三、艺术性打扮中的主导符号修辞

打扮符号除了可以按照仪式性、交际性进行划分，还有一种类型不容忽视，即"艺术性打扮"。如果说仪式性打扮可以被看作文明初期所产生的最早的打扮类型，交际性打扮则是在社会历史语境中逐渐约定俗成的，而艺术性打扮则是在当代多元文化的感召下，主体对个体身体和审美的再认知。虽然大的时代语境始终在发生变化，但与前两种打扮的类别相比，艺术性打扮远离了社会规约的束缚，整个装扮的着眼点也发生了由外向内的转变，更是实现了从个人与社会、个人与他者之间的关系，逐渐向个人与个体自身之间的关系的转变，这也恰恰是当代社会艺术性打扮的主导意向。其中，此种转换所涉及的最主要的符号修辞辞格是"反讽"修辞。

反讽不同于其他修辞格，超出了比喻变体的范畴，新批评普遍认为反讽是文学语言的常态，"任何'非直接表达'都可以是反讽"[①]。"立足于符号表达对象的异同涵接关系……是符号对象的排斥冲突。"[②] 反讽修辞格无形中在符号和表达对象之间设置距离，而不是同其他修辞格一样建立二者之间的关系。事实上，表面看来反讽是有意让双方疏远，事实上"欲擒故纵，欲迎先拒"。反讽作为英国著名文学批评家威廉·燕卜荪（William Empson）《朦胧的七种类型》（*Seven Types of Ambiguity*，1930）中的一种，成为最具张力的艺术表达方式。

在电影《老炮儿》（2015）中，叙述者不仅塑造了代表传统意识的"六爷"形象，同时导演还塑造了一批自我、放荡不羁的年轻人形象。新、老两代人之间的对抗和融合也是电影的主题之一，其中人物小飞作为年轻一代的佼佼者，

---

① 赵毅衡：《符号学：原理与推演》，南京：南京大学出版社，2011年，第209页。
② 赵毅衡：《符号学：原理与推演》，南京：南京大学出版社，2011年，第209页。

顶着飞扬跋扈的银白色头发，妆容精致，还佩戴着在传统观念中被视为女性所属的耳环，整个形象的气质少了社会普遍认同的男子的阳刚，反而多了一份女性的阴柔（如图 4-29 所示）。电影文本中小飞的打扮已经突破了普遍意义上社会规约的框架，打扮的倾向性也由关注外在他者的眼光，转向更加看重内在自我的表达。小飞的内心拥有"90 后"所特有的自我与反叛，他们用极端的、反传统的打扮来向这个时代说"不"，向传统抛出一颗炸弹，其打扮符号对于社群传统来说是反叛和排斥的，二者之间的巨大张力产生了反讽的修辞效果。

图 4-29　电影《老炮儿》中小飞的打扮

与电影文本中直观的视觉反讽不同，小说文本中的打扮符号反讽离不开语言的线性叙述，符号反讽修辞更多反映在打扮主体与其身份不相符而产生的张力上。在小说《围城》中，方鸿渐自身顽劣，又因家中催促其博士事宜，索性以一套假的博士行头拍出照片来愚弄乡亲。正如文中人物对自我的评介："鸿渐虽然嫌那两位记者口口声声叫'方博士'，刺耳得很，但看人家这样郑重地当自己是一尊人物，身心庞然膨胀，人格伟大了好些。"[①] 可见，打扮在很大程度上实现了主体身份的同一性，当二者出现并不完全契合的情况时，反讽也随之产生。小说中虽然方鸿渐仰仗着照片中的博士行头，在乡亲眼中俨然一个留洋博士，但实际身份却只有人物自身清楚。他人眼中的身份和真实身份之间的巨大差距让小说的反讽效果呼之欲出。在此种情况中，打扮的艺术性体现于装饰主体的欺骗性行为之中。

---

① 钱锺书：《围城》，北京：人民文学出版社，1991 年，第 30 页。

除此之外，艺术性打扮也越发作为一种艺术手段，得到越来越多的艺术家的青睐。在现实生活中，他们或是用夸张的手法装饰自己，或是将自己的艺术和审美理念加之于模特身上。无论是何种类型，这种艺术性的打扮往往是通过新颖的化妆、大胆的彩绘、超前的服饰等手段，将艺术家内在的艺术审美理念表达出来（如图 4-30 所示）。在艺术性打扮中，打扮本身所携带的实用性和社会文化规约被艺术性边缘化，符号的象征性意义在符号意指中占据了更多的比例。

美国 1992 年的畅销书《沉默的羔羊》（*The Silence of the Lambs*，1992）中的人物"水牛比尔"用极端的手法表达了对自我身体的厌恶，并用女性的皮肤作为自己的打扮物，从而达到内心对实现女性身份的满足（如图 4-31 所示）。《沉默的羔羊》中打扮叙述展现的是艺术性打扮的极端案例，这部来源于真实故事改编的小说恰恰反映了现代人内心对传统的极端反叛，表现出对自己也是对社会传统审美价值的强烈排斥与冲突。

图 4-30　电影《沉默的羔羊》中人物的打扮

四、打扮符号的 "四体演进"

通过以上对打扮符号修辞的讨论，我们将打扮符号分为仪式性、交际性和艺术性三种主要的类别，不同的类别分别有其主导的符号修辞格。仪式性打扮叙述以符号暗喻和符号明喻为主，交际性打扮叙述以符号转喻和符号提喻为主，而艺术性打扮则以符号反讽为主。从线性的时间关系来看，可以笼统地将仪式性打扮看作最早的打扮类型；而交际性打扮则是跟随社会文化发展过程逐渐生成的，以规约为主导的打扮类型；艺术性打扮是现代人所特有的一种打扮类别。

以上三种打扮类别随着时间和时代的发展有规律、有选择地出现，并在文化生活中占据一定地位。打扮符号修辞的这种演变与时间之间的关系并非巧合，在符号学上早就有学者针对文学时代、社会文化等方方面面表现出的修辞手法进行了总结。其中，赵毅衡认为任何事物的发展变化过程都可以被视为一种符号表意行为，并最终通过总结提出了 "四体演进" 的学说。这里所说的 "四体演进" 是指 "符号修辞的四个主型之间，有个否定的递进关系"[1]。后一种修辞是对上一种修辞的否定。符号修辞有四个主要的修辞分别是隐喻、提喻、转喻和反讽，而这里所讨论的 "四体演进" 也是基于这四种修辞。

事实上，当我们从历时角度对符号进行研究的时候，会发现其修辞的表征总是会呈现一种有序的规律。批评家诺斯罗普·弗莱（Northrop Frye）在他的著作《批评的解剖》（*Anatomy of Criticism*，1957）中从文化和文学角度对原型进行了总结，虚构型文学从神话开始，并提出了春、夏、秋、冬四个文学类型模式，分别为喜剧、传奇、悲剧和讽刺作品。这四者分别对应的符号修辞是隐喻、转喻、提喻和反讽[2]。发展到讽刺阶段之后，文学作品中的神话成分又开始渐渐显现，从而产生新一次的循环。事实上中、西方很早就有学者注意到四个时期的划分，其中，最早有该想法的是十八世纪的意大利哲学家维柯（Giovanni Battista Vico），他将人类历史发展分为 "神祇时期" "英雄时期" "人的时期" "颓废时期"，四个阶段之间具有相互衔接、否定等特征。

---

① 赵毅衡：《符号学：原理与推演》，南京：南京大学出版社，2011 年，第 217 页。

② 赵毅衡：《符号学：原理与推演》，南京：南京大学出版社，2011 年，第 219 页

不仅"四体演进"的规律普遍存在于虚构文学中，文学原型的"四体演进"也可以隐射到整个文化。四体演进说适用于文化中的个别现象，从隐喻开始，符号文本的表面意和引申意关系处于逐渐剥离的趋势："四个修辞格互相都是否定关系：隐喻（异之同）—提喻（分之合）—转喻（同之异）—反讽（合之分）。"①

如上所述，符号修辞四体演进所遵循的规律是按照隐喻、转喻、提喻和反讽的修辞变换，而且分别对应事物发展的四个阶段。从修辞四体演进反观打扮叙述在文学艺术中的发展历程，我们也可以将其大致划分为四个不同的发展时期：隐喻时期——前文明到文明时期，转喻时期和提喻时期——社会化时期，反讽时期——后现代时期。

"四体演进的确是普遍规律。任何一种表意方式，不可避免走向对自身的否定，因为形式本身是文化史的产物，随着形式程式的过熟，必然走向自我怀疑、自我解体。"② 打扮发展的最终结果必然走入文化的圈子之中。最初的打扮无外乎面具、图腾、刺文等对自然模仿的诸多装饰物，这是人类对自然神性的一种向往。尽管与真实的自然相比，打扮的表现比较拙劣，但就其目的而言却是为了寻求与自然的同一，因而展现出的是"异中之同"的隐喻。

文明时代中的打扮越来越发挥其在身份选择中的重要作用。电影《闻香识女人》中查理与上校在高级餐厅用餐，侍者因为查理穿着不雅而为其披上了一件西装（如图 4-31 所示），打扮成为社会人中身份和地位的代表，打扮符号的提喻作用也越发凸显。反讽阶段的打扮是比较突出的一种表现，尤其是进入21 世纪之后，不仅文学艺术上更多表现出后现代的无序性和反传统性，打扮上也越发没有规律可言，往往若干年前已经过时的着装，反而不知日后的哪一天又开始流行起来；文身、穿刺等面部镶嵌装饰物也已经不单是原始社会的打扮代表，随着时间所带来的反转，它们也开始成为时尚的表征。

而且，艺术化的打扮也越发突破了社会规约的束缚，从为了维持既定的个体与社会、他者之间的关系，发展为主要目的在于实现自我情感、审美的表达，整个着力点真正完成了由外向内的解放，恰恰符合反讽修辞辩证性、多元

---

① 赵毅衡：《符号学：原理与推演》，南京：南京大学出版社，2011 年，第 218 页。

② 赵毅衡：《符号学：原理与推演》，南京：南京大学出版社，2011 年，第 219 页

化的主要特征。

图 4—31　电影《闻香识女人》剧照

　　打扮符号的反讽时期可以在当代诸多大众文化中找到影子，比较有代表性的电影是《龙文身的女孩》。电影的文本背景虽然处于 21 世纪，但其中的人物的打扮却呈现出一种回归原始文明的趋势：大胆的文身、夸张的金属穿刺以及单纯黑色的着装，就连衣服材质的选择也是颇为冷峻的皮革（如图 4—32 所示）。人物身上的打扮元素冲击了传统社会规约下对女性的一般想象，而这种现实与想象之间的巨大张力就是打扮的时代反讽效果。时尚的潮流在时间的轮回中重新被发现，越来越多的年轻人开始像"龙文身的女孩"那样，通过看似已经过时的打扮符号达到回归原始的效果，从而实现对现实的反讽。而主体也可以从该行为中收获与众不同的特殊存在感。从隐喻到反讽，打扮符号与表意对象之间也经历了一个从分到合再到分的变化过程，并且很明显这整个过程处于一种循环的轨道上。

　　打扮叙述在文学艺术中的演变过程，呈现了打扮在人类历史中的演变史。隐喻时期是打扮的孩童时期，人们对它的认知停留于文明初期与自然力量之间的隐晦关系；转喻和提喻时期，人类社会化进程中的文化风俗规约开始彰显它强大的约束力；进而到了反讽时期，人们越发开始从外向内探讨自我个体深层次、多元化、隐秘的自我。从某种程度上可以说，打扮的发展从人与自然、人与社会到人与自我，每一步的转变过程，都是使外现的打扮更加接近于符号发送者真我的过程。

图 4—32　电影《龙文身女孩》中人物颇为中性的扮相

第六节　去规约化：打扮符号的理据性及其滑动

在"四体演进"的符号规律作用下，左右打扮符号的发展方向逐渐由有规律可循的外在社群集合规约，向表现更加隐晦的内在心理过渡。同样发生转变的还有符号理据性的变化，它也在整个变化过程中呈现出理据性由强到弱的滑动。

理据性（motivation）与任意武断性（arbitrariness）相对，即符号同其意义之间存在着某种天然的内在联系，而非完全的任意武断。根据《艺术的起源》，最初的打扮是从模仿开始的，原始人对自然模仿的实现源于其中内在的联系，即"理据性"，"没有理据性，就无法作模仿再现"①。当进入文明社会后，打扮符号越来越被规约，某种环境下适合怎样的打扮，什么身份应当以怎样的打扮呈现，以上这些看似自由的选择，却在使用语境中逐渐被理据化。电影《霸王别姬》中，因为时代规约的束缚，人物菊仙所保存的绸缎衣服被看作"四旧"，而不被当时的社会所允许。正因为打扮有形、可感的存在形式，总是一个时代或一个流行趋势最先发生变化的地方，所以才被人们看作既定时代或

①　赵毅衡：《符号学：原理与推演》，南京：南京大学出版社，2011 年，第 78 页。

文化的代表。可以说打扮理据性的生成，是人类的社会性在发挥作用的结果；理据性上升的过程，是人类对符号不断使用、强化的过程。

　　既然符号的理据性可以被获得，因此，符号的理据性也可以丢失，这种"去理据化"现象是符号发展的必然趋势。理据性在日常使用中被获得的同时，其意义也不断被丰富。与此同时，旧有的理据性被更新或被替换，所以符号的旧有理据性随之滑落。

　　个体在最初选择打扮的时候难免出于功利主义目的，"身体之所以被重新占有，依据的并不是主体的自主目标，而是一种娱乐及享乐主义效益的标准化原则、一种直接与一个生产及指导性消费的社会编码规则及标准相联系的工具约束"①。身体是娱乐和审美的场所，消费性社会中的诸多选择为种类繁多的打扮符号提供了再现的可能性。在被社会规约的进程中，主体也在逐渐探索自我内在情绪的不同外现方式，并表现出一种对身体的重新颠覆性的书写。"身体美学不仅关注身体的外在形式或表现，而且关注它那活的经验，从而致力于改善我们对身体状态和感受的意识，进而提供对我们短暂的情绪和持久的态度以更加重要的洞见。"②

　　打扮本身就处在不断的变化发展之中，可以说流行是社会分化的结果，等级和地位的差异在打扮流行中进行了天然的分化。"时髦，往往是从上向下传的。某一种时髦，在起初的时候，专门在社会的最上层中流行；因此那种装饰就可以作为服用者的阶级和地位的标记……地位低的人往往会尽其所能，去得到这种时髦的衣着，因此过了一些时之后，高级人的衣着就成为全国的服装。"③当高级人寻求等级优越感时，新的服装便又被创造出来。

　　从满足生理需求的自然选择开始，打扮就已经具有了自身的理据性意义。对打扮的理据性进行研究有助于进一步把握其自身的发展规律。事实上，现代和后现代的打扮与现实主义相比，又呈现出反理据性的一面，对理据性向反理据性滑动现象的把握又呈现出打扮自身发展的新规律。所有理据和反理据的背

<hr />

① 让·鲍德里亚：《消费社会》，刘成富、全志钢译，南京：南京大学出版社，2014年，第123~124页。
② 理查德·舒斯特曼：《生活即审美：审美经验和生活艺术》，彭锋译，北京：北京大学出版社，2007年，第186页。
③ 格罗塞：《艺术的起源》，蔡慕晖译，北京：商务印书馆，1984年，第82页。

后所反映出的，必然是不同文化和文明在不同时代的发展状态。

影视戏剧等艺术形式脱离了打扮，就无法对人物形象和人物身份进行有效和理想的塑形。正如一部好的小说需要有好的读者赏识一样，"一个'好的读者'应该能够从当前呈现的视觉性内容中提炼出信息内部的无形数据"①。艺术作品同样需要有眼光的观众的参与，观众可以通过人物形式上的打扮，自然而然地把握人物背后所携带的身份和文化背景意义。这种自然而然的对应关系，是符号理据意义在发挥作用的结果。

事实上，符号理据性的存在，很大程度上在于社群对其的使用情况。当打扮被普遍接受，并进入生活之后，打扮所携带的意义也就逐渐在使用中被固定下来。以此来看，"不是符号给使用以意义，而是使用给符号以意义，使用本身就是意义"②。在隐喻时期，仪式性打扮因为与自然的象征性关系而被人类所使用，进而成为固定的风俗仪式。提喻和转喻时期，在社会化的进程中交际性打扮被不断地重复，在重复中其文化意义也得到了加强。进入反讽时期，打扮逐渐呈现艺术化倾向，符号本身从群体集合向分散的个体化发展。与之前的分期相比，反讽时期的艺术化打扮是个人化的书写，从某种意义上意味着符号社会化实用性的降低，因此实用意义的累加作用也被削弱，理据性逐渐滑落。

另一个问题在于打扮的反讽时期之后，艺术性打扮该如何发展。事实上，"四体演进"呈现的并不是一个线性的发展规律，而是一种循环状态，理据性也是如此。打扮从强制性的社群规约中获得强理据性，在个人化时期又将获得的强理据性逐渐遗失，这并不是打扮的最终归属。虽然对于个体意义来说，打扮的理据性被弱化了，但当个体的意义被广大的社群所接受后，新的社群性的意义便被逐渐接受，理据性也随着使用性的增加而得到加强，这便是流行存在的意义。所以，打扮理据性的滑动呈现的是一种螺旋上升的循环状态，并非是首尾相接的一个环形循环。

后现代小说《发条橙》中叙述者向读者介绍了一个性格乖张、暴力倾向强烈的青年团体，其中彼得最初的打扮是"穿着时髦的服装""黑色紧身服""果冻模子附在下面胯裆部……彼得的酷似手掌……"，当经历过青年时代的放荡

---

① 安德烈·埃尔博：《阅读表演艺术——提炼在场主题》，吴雷译，载《符号与传媒》，2013年第7辑，第165页。

② 赵毅衡：《理据滑动：文学符号学的一个基本问题》，载《文学评论》，2011年第1期，第155页。

不羁之后，人物内心的激荡被成熟的气质所包围，在小说最后，彼得也最终选择回归社会："彼得已经老多了，尽管他只有十九岁多一点。他留着小胡子，身穿普通的百日装，还戴了这顶帽子。"① 小说文本中的人物彼得不单单是叙述的一个个体，更是整个青年群体的代表。从打扮的极端个性化书写（理据性弱），到回归社会，文化规约作用于人物，实现了由弱到强的变化，并逐渐占据了意义的阵地（理据性强）。但这种循环并不是回归，而是人物在成长之后的上升。因而，打扮叙述在文本中应当是一种螺旋上升的状态，其符号意指也应当是螺旋上升地回归。

---

① 安东尼·伯吉斯：《发条橙》，王之光译，南京：南京大学出版社，2011年，第191页。

第五章　打扮主体：自我与身份

西方哲学中关于人类自身命题的讨论总是很复杂。笛卡尔之后的哲学，大多围绕着"主体性"问题展开，"十八世纪康德与黑格尔的哲学对主体的建构，形成几种不同的体系；二十世纪则是拆解主体的时代"①。从符号学角度，人们将复杂的主体问题用形式化的元素进行分解研究，并从不同的元素中找到它们之间的联系与规律。或许有的学者会认为符号学的形式化研究导致了"文本的碎片化现象"②，"能指的无限性"又将意义放逐到一个模糊的限度之中。但不可否认，符号学以"一个全新的视角重新认识表意实践活动"③，将意义的建构方式和解释过程细致地"解剖"开来，提供了一个意义重新被打开和被全面、深刻认知的可能。

其中，从符号学观点出发讨论"主体性"问题，首先需要明确符号学的表意模式："一个理想的符号表意行为，必须发生在两个充分的主体之间，即一个发送主体，发出一个符号文本，给一个接收主体。"④ 针对主体问题，符号学理论的主要出发点为"交互主体性"（intersubjectivity）。"交互主体性"是胡塞尔（Husserl）的主要哲学观点，也是讨论"主体"的主要观点。主体的存在是与客体相对应的，因而主体性必须是在"主体－客体"关系中的主体性。所以，符号的意指活动也必须在主客体之间的关系中解决。"人类文化中大部分符号接收，必须从对方的立场调节接受方式，交流才能在无穷的变化中

---

① 赵毅衡：《符号学：原理与推演》，南京：南京大学出版社，2011年，第335页。
② 史忠义：《符号学的得与失——从文本理论谈起》，载《湖北大学学报》（哲学社会科学版），2014年第4期。
③ 史忠义：《符号学的得与失——从文本理论谈起》，载《湖北大学学报》（哲学社会科学版），2014年第4期。
④ 赵毅衡：《符号学：原理与推演》，南京：南京大学出版社，2011年，第338页。

进行下去。"① 符号的整个意指过程的完成，恰恰需要发送者将他者的立场考虑进去之后才形成，因此，这样存在的主体必然是"相互的""应答式的""以他者的存在作为自己前提"的互动性主体。"主体"或者说是"自我"，已经在拉康（Jaques Lacan）那里得到了深刻的论证："当发出者从接收者那里接到反方向传来的自己的信息……语言的功用正是让他人回应。正是我的问题把我构成为主体。"② 因而，主体的"我"在个体行动发出之前，就已经对自己在交互过程中所处的状态有所回应，因此"自我"并非需要等到整个行为结束之后才能够产生，它已经在行为过程中形成。

在胡塞尔看来，主体是"绝对而纯粹的同一性"，他认为"主体与他者必须结合成一个主体之间的'移入'与'共现'关系"③。主体会在不自觉中参与体验他者的行为过程，"基于他者的身体与我的身体的类似性，我将我的身体所具有的'意识性'，以'类比'的方式转移到他者的身体中，从而把他者的身体看成他的意识的外化——这同时也就意味着把他者的意识与我的意识一样都看成肉身化意识"④。整个交互过程恰恰可以被视作符号表意的过程：主体自我的产生是符号接收者将意图意义附加在符号文本上，符号文本将意义传递给接收者；在接收到符号意义之后，接收者从中获得解释意义，而解释意义的获得恰好又形成新的意指行为；整个意义传递过程完成之后又回到发送者，发送者将接收者的解释意义作为意指行为中的一部分。事实上，在整个意指过程发生之前，发送者就已经将自我意识外化于他者，并逐渐在交互过程中形成了稳定的自我。

所以，我们所讨论的主体一定是"交互主体"，而打扮符号是自我外现的第一道门槛，因此也必然是讨论主体的最佳切入点之一。主体的交互特性，决定了打扮的表意过程必然是外在和内在两者共同作用的结果。

首先，不容忽视的是社会环境对主体自我建构所起到的作用。从一方面来说，自我并非是主体生而有之的携带物，而是主体在社会环境的作用下、社会

---

①　赵毅衡：《符号学：原理与推演》，南京：南京大学出版社，2011 年，第 339 页。

②　Jacques Lacan, *The Language of the Self*. Baltimore：Johns Hopkins University Press，1968，pp. 62－63. 转引自赵毅衡：《符号学：原理与推演》，南京：南京大学出版社，2011 年，第 340 页。

③　赵毅衡：《符号学：原理与推演》，南京：南京大学出版社，2011 年，第 339 页。

④　朱耀平：《自我、身体与他者——胡塞尔"第五沉思"中的交互主体性理论》，载《南京社会科学》，2014 年第 8 期。

关系的参与中逐渐形成的一种自我认知。但从另一方面来说，对环境的过分关注导致了主体对本真自我把握能力的丧失。通过"身体"的诸多行动，"自我"才能够被个体所识别，但是先天而来的"身体"，却在环境中越来越被趋于同一化了。"自我是关系性的、共生的。这种观念激发了一个身体改良主义更广阔的观念——按照这种观念，我们负责照顾和协调我们身体化的自我的环境特性，而不仅是照顾我们自己身体各部分。"① 比起关注个体自身的身体的内在感知和向内的自我意识，人类更加注重身体表现是否符合既定的环境特性，而这种心理倾向恰好是个体实践打扮的主要动机。

此外，尽管外在文化语境对自我的形成功不可没，但"自我"归根结底是一种内在指向性的存在，外在环境需要通过内在反应发挥作用。从这个角度来看，在某种程度上自我还可以独立于环境语境而单独存在。但这种独立性是有条件的存在，是或多或少处于社会关系下的独立，然而自我的独立性却会随着社会语境在时间和空间中选择，自我向内于心或是向外于环境的指向程度会有所变化。当代对传统的反叛使得自我越发脱离了向外环境语境的束缚，转而追求一种向内的随性，而这种自我的转换反映在打扮上则产生了一种身份的模糊性，身份不再是一种完全确定的关系，而是开始被模糊化。

第一节　社会性选择：打扮与身份

人类个体无法脱离社会而单独生存，任何个体都在以一个主体的身份存在于社会之中。在克里斯·巴克（Chris Barker）看来，"主体是话语的结果，因为主观性由话语强迫我们采取的立场构成"②。因此，社会中个体的语言和行为首先必须是在一定的话语范围之内才能够实现的。当我们将打扮个体对自我身份的认知纳入考察范围之中时，始终不能将其与既定文化割裂开来。"就社会、团体和个人而言，文化是一种借助内聚力来维护本体身份（identity）的连续过程。这种内在聚合力的获得，则靠着前后如一的美学观念、有关自我的

---

① 理查德·舒斯特曼：《救赎身体反思：约翰·杜威的身-心哲学》，选自《身体意识与身体美学》，程相占译，北京：商务印书馆，2011年，第299页。
② 克里斯·巴克：《文化研究理论与实践》，孔敏译，北京：北京大学出版社，2013年，第63页。

道德意识，以及人们在装饰家庭、打扮自己的客观过程中所展示的生活方式和与其观念相关的特殊趣味。文化因此而属于感知范畴，属于情感与德操的范围，属于力图整理这些情感的智识的领域。"① 无论是个体还是团体，都可以通过装饰、打扮等外在的形式有效地诠释其内在聚合力，而这种内在聚合力则是文化凝聚力的展现，也正因身份与文化之间如此微妙的关系，身份成为窥探文化的另一个视角。

米德（George Herbert Mead）在分析社会心理学与行为主义关系中指出，研究社会心理必须从个体出发，"因为个体本身属于一种社会结构，属于一种社会秩序"②。个体从属社会性的本质为我们研究社会秩序提供了一种可能性，反观个体经验就可以分析研究社会心理。打扮首先是个体自身的行为符号，因其产生于一个既定的社会当中，所以社会心理和文化走向会指引它产生的方向。同时，我们所讨论的自我是社会中的自我，它并非与生俱来，"而是在社会经验与活动过程中产生的，即是作为个体与那整个过程的关系及与该过程中其他个体的关系的结果发展起来的"③。虽然低等生物也会表现出"自我打扮"的行为，但这仅仅是最低等的条件反射下形成的"信号"，并不能称之为符号，因为它并不包含自我。而自我必然是在社会关系中能够体现出将"我"与"他者"区别开来的一种意识，没有"关系"也就没有"自我"。

除社会性关系的正常影响外，不可否认，当代文化极其关注身体本身，在某种程度上社会文化已经处于过度消费的阶段。"大多数人所无法企及的身体容貌理想被巧妙地鼓吹为必要标准。这样一来，大量的民众被置于压力之下，觉得自己的容貌存在许多欠缺，需要从市场购买补救办法。"④ 而这个"必要标准"的产生，恰恰是社会化集体想象的结果。当这个想象被无数次地通过广告、电影、小说等各种传播性媒介施加于人类的存在意识中时，人们在对自我身体进行审视的时候难免会参照这个"必要标准"，从而与个体所特有的审美标准产生冲突，甚至对个体的自我认知产生影响。

---

① 丹尼尔·贝尔：《资本主义文化矛盾》，赵一凡、蒲隆、任晓晋译，北京：生活·读书·新知三联书店，1989年，第82页。

② 乔治·H.米德：《心灵、自我与社会》，上海：上海译文出版社，2005年，第1页。

③ 乔治·H.米德：《心灵、自我与社会》，上海：上海译文出版社，2005年，第106页。

④ 理查德·舒斯特曼：《身体意识与身体美学》，程相占译，北京：商务印书馆，2011年，第18页。

在电影《整容日记》（*The Truth about Beauty*，2014）中，即将毕业的名牌大学生郭晶，因为生活、工作和爱情的多重打击，对自我形象产生极大的不满，急切地想要改变它。作为观众的我们，意识到人物主体之所以对自我形象感到不满，不能忽略社会环境在她耳边潜移默化的教唆，正如影片中整容广告的横行，不断出现的面容姣好的女性形象，以及整容机构所悬挂的合乎社会理想身体容貌的剪影等，所有这些都对人物自身的身体支配产生了潜移默化的影响。

图 5-1　电影《整容日记》中人物整容前的打扮

图 5-2　电影《整容日记》中人物整容后的打扮

但同时，不得不承认在某种程度上这种大众化标准制约了个体的自我审美发展，"因为它诱惑使大众对身体的审美观趋向标准、统一、模型化，认为模型化的身体是最具吸引力的理想"[①]。社会共同体虚构下的想象标准成为个体审视自我的第一参照物，例如杏仁眼、高鼻梁、樱桃嘴、雪白的皮肤、S 形的

---

① 理查德·舒斯特曼：《身体美学与自我关怀：以福柯为例》，选自《身体意识与身体美学》，程相占译，北京：北京大学出版社，2007 年，第 18 页。

身形等，这些"形象标志"成为社会审视女性身体的标杆。与社会对女性的审视一样，男性也会因为过分关注自身打扮而被认为缺乏阳刚气质，从而被贴上"伪娘"的标签。事实上，这种既定的审美意识形态是主流社群用以彰显并巩固自己地位的一种手段。身体被当作外部客体的一个工具，"它充斥着零散部件、可以度量的表面以及美的标准化规范"①。打扮则能够有效地实践这种美的标准化规范，当我们在考虑打扮如何能够更好地满足自我审美呈现的时候，所扮演的角色已经从一个所谓的"物质体"转变为一个有生命力的"主体"，"它是容纳美好个体体验的、充满生命力的场所"②。在这里，身体已不再是被精神所割裂开来的物体。

身为社会中的个体，个人的身份首先必须是社会中的一员，成员个体受到社会意识潜移默化的影响。绝大多数人虽然都能够感受到社会规约（社会意识形态），但却很少可以有意识地感知到它的存在，正如阿尔都塞所指出的，意识形态对人类的控制，并非堂而皇之地左右，而是隐蔽地渗透到个体的意识中，进而形成一种无意识："我们内化了意识形态，因此不能意识到它的存在和效果。"③ 从某种程度上可以说，"意识形态从外部构筑了我们的'本质'和自我，因此我们所谓本质的自我不过是一种虚构，占据它的位置的实际上是一个拥有社会生产身份的社会存在"④。这个社会身份被阿尔都塞称为"主体性"（subjectivity）。该主体性并非是一个"统一的、个性化的和独立自持的，它可能是矛盾的，并且随着不同的环境和条件不断地改变"⑤。"subject"一词在西文中不仅有"主体"的意思，也有"屈从者"的意思。事实上，社会中个体的主体建构很大程度上源于意识形态的渗入，个体的主体性以屈从于社会意识形态的状态而存在。

托比·米勒（Toby Miller）在《文化研究指南》（*A Companion to*

---

① 理查德·舒斯特曼：《身体美学与自我关怀：以福柯为例》，选自《身体意识与身体美学》，程相占译，北京：北京大学出版社，2007年，第46页。
② 理查德·舒斯特曼：《身体美学与自我关怀：以福柯为例》，选自《身体意识与身体美学》，程相占译，北京：北京大学出版社，2007年，第46页。
③ 罗钢、刘象愚：《文化研究读本》，北京：中国社会科学出版社，2000年，前言，第12页。
④ 罗钢、刘象愚：《文化研究读本》，北京：中国社会科学出版社，2000年，前言，第12页。
⑤ 罗钢、刘象愚：《文化研究读本》，北京：中国社会科学出版社，2000年，前言，第12页。

Cultural Studies）中指出，"文化研究由于主体性和权力而赋予生命力"①，而打扮作为人类主体性的外现形式，自然是人类身为主体参与文化建构的痕迹。文化语境对主体打扮的支配性作用不容忽视，甚至会超过主体对自身身体体验的感受力。"我们文化的身体自我意识被过度地导向这样一种意识：如何把身体容貌修饰得符合固定的社会标准，又如何按照这些模式把身体修饰得更加吸引人。"②"固定社会标准"模式所带给人们的是对自我展现的反思和重构，在这种隐性话语权的压制下，自我意识或自我身体被剥夺了自由展示的可能性，我们并没有真正地将我们的身体意识和身体感知考虑在内，而是用一种看似合乎社会规约的逻辑想象建构了我们的社会身份和自我打扮。

打扮的最终选择在很大程度上反映为主体对自身不同身份的界定，即不同的环境背景决定了主体不同的打扮行为。针对不同的身份，主体需要选择与之相称的妆面，而主体身份的认定又与不同的空间场域有着不可分割的关系。小说文本和电影文本中不同人物的性格和形象的塑造恰恰是在特定环境中产生的，正如 19 世纪现实主义小说最突出的创作特色——"典型环境中的典型性格"。

电影《黑天鹅》（*Black Swan*，2010）中演员需要同时演绎温柔善良的白天鹅以及热情邪恶的黑天鹅，一人分饰两个完全相反的角色身份，对演员的表演能力要求极高。为了能够将两个相反身份演绎到极致，不仅在外在打扮上演员演绎了黑天鹅的邪恶：烟熏妆、大红唇，而且为自身内心进行心理装饰，实现由外而内地对黑天鹅的邪恶本质进行演绎，用心理暗示和想象的方法为自我增添了一双黑天鹅的羽翅，人物内心通过打扮达到了与其所演绎身份的合一效果，释放了人物内心所居住的另一个自我（如图 5-3 所示）。

---

① 托比·米勒：《文化研究指南》，王晓路等译，南京：南京大学出版社，2009 年，第 25 页。
② 理查德·舒斯特曼：《身体意识与身体美学》，程相占译，北京：商务印书馆，2011 年，第 18 页。

图5-3　电影《黑天鹅》剧照

在理查德·约翰生看来，社会在建构个体主体性方面处于至关重要的地位："文化研究是关于意识或主体性的历史形态的或者是我们借以生存的主体形态……是社会关系的主观方面。"① 人们也常常根据对象所属的群体和社会情景自然地对其进行分类。这是从符号接收者的阐释方面入手。接收者与打扮主体的关系是在语境中发生的，语境为主体主动提供了一个身份展示的平台；而事实上，从打扮主体自身出发，他（她）也会迎合文化语境，使得自身的打扮成为环境的一部分。通常符号意指过程的最终完成在于接收者的完整解释，然而解释项的决定权并非完全取决于接收者本身。作为意义编码的发送者，打扮主体也会有意用自己的意图意义引导接收者解释意义的产生，从而有效地建构自己与他者之间的关系。

电影《超体》（Lucy，2014）给观众上演了一个女性由弱到强的蜕变过程。当我们惊叹于斯嘉丽·约翰逊精湛演绎的同时，观众或许会察觉到文本中的人物露西最初的打扮是在大众社会审美观下的性感扮装：妆容精致，搭配着女性气质所特有的耳环（如图5-4所示）。事实上，整部作品中人物的打扮变化并不是很大，但却符合文本环境突转的情况下人物性格、身份改变的剧情设计。着装风格大变后的露西经常穿着长裤，即使是裙装也必然是代表中性的黑色，以质感强硬、线条简洁的服饰为主，而电影初始的耳环元素，已经完全不在人物的考虑范围内（如图5-5所示）。随着人物外在形象的变化，人物的形

---

① 理查德·约翰生：《究竟什么是文化研究》，选自《文化研究读本》，北京：中国社会科学出版社，2000年，第10~11页。

象也在文本语境中由弱不禁风的女性转变为一个颇具中性化的强大"女汉子"。从人物自身的特质出发，药物的作用让她自己内心所存有的"阿尼姆斯"被自我所认可，并不断被强化，而这种中性气质则通过人物特有的打扮体现出来，与之前产生巨大的反转，从而被观众所感知和把握。

图 5-4　电影《超体》剧照（一）

图 5-5　电影《超体》剧照（二）

身份（identity）是源于个体所处的语境，是个体主动或被动地给自身定位的结果。对于符号接收者来说，打扮是了解对象的第一手资料，往往也是最重要的因素。在先入为主的引导之后，获得他者的信任是水到渠成的事情。个体通过打扮符号将自我的身份对他者进行传达，而符号接收者也正是利用打扮符号所携带的意义对个体的身份进行识别。从个体根据环境需求对自我进行打扮，再到他者利用打扮符号对个体身份进行解码，整个身份表意的解读过程就是打扮符号参与下的结果。

在电影《罗马假日》（*Roman Holiday*，1953）中，奥黛丽·赫本所扮演的人物身份是众人之上的公主，因此人物安娜公主妆容精致，身穿华丽的礼服，头戴象征着权力和地位的王冠，出现在宴会中等待大家谒见（如图5-6所示）。公主的身份要求人物着装得体，用繁复的着装、华丽的饰品指代其王氏显赫的背景，以此显示皇权和身份的高贵，但安娜却希望能够和普通人一样穿着睡衣。管家认为该打扮不符合一个公主应有的仪容，驳回了安娜的请求。而当安娜以普通人装束打扮自己时，起初并没有被男主人公所察觉（如图5-7所示）。男主人公之所以没有在第一时间识破安娜的身份，在于人们对他者身份的第一感知源于其外在的打扮。安娜并没有将象征其公主身份的打扮穿戴在身上，因而人物可以在处理与他人关系时，对自我的真实情况进行遮掩。

图5-6　电影《罗马假日》中安娜公主的打扮

图 5-7　电影《罗马假日》中安娜通过打扮假扮普通人

身份表意行为的实现不仅是个体自我决定所获得的，更需要他者的参与完成。所以，身份具有真实的可判断性是可以进行真假讨论的。当主体脱离稳定的真实身份，而希望以新的身份示人的时候，周身语境和打扮符号的变化是增加身份说服力的关键。因为一个身份的确认并非个体自我就能够完成，也需要他者与之进行对话。由于个体与他者所携带的信息量不对等，在首次信息交集中，他者只能够通过个体外在的打扮对个体信息进行解码。而在信息量不对等的前提下，他者的地位明显处于劣势，因而不得不接受个体通过打扮所传达的身份暗示。"当个体投射一种情景定义并由此或明或暗地表称自己是某种特定种类的人时，他就自动地对他人施加了道德要求，迫使他们以他这种人有权利期望得到的方式来评价他和对待他。"[①] 欧文·戈夫曼（Erving Goffman）将这种个体管理自我在他人面前形象的现象称为"表演"（performativity）。人们利用一些可见的手段，比如通过打扮符号来对自我的表演进行必要的美化。

费兹杰拉德在《了不起的盖茨比》中塑造了茉特尔·威尔逊的悍妇和情妇的形象。当茉特尔·威尔逊以威尔逊太太形象出现时，文本中是这样叙述她的打扮的："她穿了一件沾有油渍的深蓝色"；而当作为布坎南的情妇时，在火车到纽约之前，"威尔逊太太已经换上了一件棕褐色的薄纱花裙"。威尔逊作为汽车修理工的妻子，她的身份和地位在他者看来就是低下的，理应穿着卑微且不

---

① 欧文·戈夫曼：《日常生活中的自我呈现》，黄爱华、冯钢译，杭州：浙江人民出版社，1989年，第12页。

整洁的衬裙；而作为布坎农的情妇，威尔逊背后的社会文化语境发生了翻转，金钱和地位的上升使其打扮的包装也随之升级，呈现出符合她社会身份地位的状态。文本中的人物因自身身份和背景场合的转变，对自我打扮做了适当调整，以此来凸显人物主体和身份的统一性。

第二节 打扮与自我

人们并不仅仅将身体看作生物存在体，正如戈夫曼在《日常生活中的自我表现》中论证的那样，身体更是对"自我"（selfhood）的言说，身体作为主体的载体也因此被深深地打上了历史和文化的烙印。无论是出于生理上对机体的保护，还是心理上的羞耻感，当人类第一次根据周遭环境进行装饰的时候，打扮就已经作为文明和文化的组成部分发挥作用。宽泛地讲，打扮是属于身体的一部分，因而它们可以被看作身体意义的延伸，因此它的变化也同文化意义的变化息息相关。

学术界至今还有很多学者将自我意识和自我培养的源头归因于环境因素，文化语境成为他们所讨论的自我本质的主要来源，其中具有代表性的学者有约翰·杜威（John Dewey）。杜威认为，"从根本来说，自我是情景性的、由环境构造的、互动的"[1] 一种存在，内在自我通过外在环境发挥作用，自我并非先天性的存在，而是后天经验下的产物，"我们的精神和心灵生活深深植根于生理学和塑造人类经验的身体行为"[2] 之中。与环境的相互作用成为生物体乃至人类生存的必需，个体与其他人之间的关系构成人类社会，如果没有这个关系社会，任何一个人类有机体所拥有的人类属性也便不复存在。作为维系社会关系的物质性存在，打扮参与了确立个体与他者关系的过程，并在关系确立的过程中反映出个体的自我。

我们常常将身体对象化或是工具化，它的实用性是为了某些实际的目的而存在的，但这恰恰也让身体进入人类所关注的视野之中。因为"即使将身体解释为自我的工具，身体也必须被当作我们诸多工具中最重要的工具，我们与种

---

① 理查德·舒斯特曼：《身体意识与身体美学》，北京：商务印书馆，2011 年，第 25 页。
② 理查德·舒斯特曼：《救赎身体反思：约翰·杜威的身-心哲学》，选自《身体意识与身体美学》，北京：商务印书馆，2011 年，第 254 页。

种环境互动的最基本的媒介，我们所有感知、行为甚至思想的必需条件"①。打扮便是作用于身体之上的主体自我感知和行为表现的工具，当我们对打扮认识得越清楚，我们就越能提高对身体的使用程度，从而对自我和种种环境的认知也越深刻，"将之与我们的其他所有工具和媒介更好地配置起来。因为，它们都需要身体表演的某种形式"②。打扮便是身体表演的最主要形式。

人类的打扮常常被看作文化语境的产物，打扮主体也自然而然地被认为是文化语境作用下的结果。事实上，从符号学角度分析研究打扮符号会很清楚地发现，打扮主体直接参与了建构符号的最终意义。虽然不可否认，打扮主体在很大程度上是受到社会规约的影响才无意识地对自我进行"包装"，但个体作为打扮符号的发送者，会对意图意义的形成指定意指方向，对打扮符号接收者的阐释提供一定的阐释方向，所以探究打扮主体的自我，对实现符号本身原初意义具有至关重要的作用。社会文化需要通过打扮主体的自我意识外现进行规约，其中，主体的自我认知是打扮符号形成的第一步。

随着多元化现代意识的渗入，越来越多的主体开始主动尝试寻求自我的标出，标出的结果便是把打扮符号由生活化的倾向性向艺术倾向性发生偏移。从重视人体打扮的外在社会语境，到看重打扮主体的自我意识；对打扮的研究实现了从外向内的转向，而转向之后的打扮符号实质上还是对更大的文化霸权的潜意识呈现，变化的是时代的话语权，这反而使得这种规约不再成为显在的着眼点。

因为主体的自我是在互动环境下形成的自我，所以一个个体的自我产生之后，可以说它其实已经在社会的参与下形成了较为稳定的社会经验。事实上，绝不存在一个完全没有社会经验参与的自我主体，尽管会有个体与世隔绝，但他仍然可以以自己为伴，同自己交流，给自己写日记，自我欣赏等。这些自我的互动行为仍然是社会交流的一部分，因为在自我形成之初，社会的诸多意义符号已经对个体产生了影响

文学经典为当代大众带来的不仅仅是文化感的获得，更是自我精神上的一丝慰藉。尤其在文学和文化极度泛滥和充斥的当下，过多的选择给读者带来的

---

① 理查德·舒斯特曼：《身体意识与身体美学》，北京：商务印书馆，2011年，第15页。
② 理查德·舒斯特曼：《身体意识与身体美学》，北京：商务印书馆，2011年，第15页。

并非心理上的充实，反而是选择的负担。我们越发不知道"如何将自己置于一个有意义的叙述中。为了逃脱意义失落的空虚，我们不得不寻找替代叙述。经典由其独特的文化意义，成为一个重要的替代叙述来源"①。个体的自我迷失可以从艺术经典中找到遗失的自我，现实中的意义无法获得，人类转而从艺术中寻找给养。

从古希腊哲学开始，不同的哲学流派总是针对相同的观点争论不休，但"认识自我"始终被看作哲学研究的最高目标，正如文艺复兴著名的人文主义者蒙田所说："世界上最重要的事情就是认识自我。"② 从最初的哲学探索到其后所衍生出的文学研究，学者们无不对形而上学的真理性追求有着痴迷的向往。事实上，"既存真理"的确定性与其不可感知的现实性形成强烈对比，只有将简单的真理通过复杂的经验感知予以把握，才能成为探索"确定真理"的方法。以此来看，单向度的深层意义模式被复杂的感觉经验所代替。

意义模式探索的经验化，对西方几个世纪以来始终将目光放置于虚幻客体的现状进行了改善。对自我的感知与探索也已经从形而上的虚无中向更加真实、趋于表象的模式衍生。打扮作为行为符号媒介，其两端联结着打扮主体的意义传达和接收者的意义感知。从打扮者也就是意图发送者出发，可以讨论发送者对自我定位和自我身份的认可情况；从接收者出发，可以探析打扮符号在不同主体中的传播意义和阐释心理。

"身份不是孤立存在的，它必须得到交流对方的认可，如果无法做到这一点，表意活动就会失败。"③ 自我身份的认定大多取决于他者及社会的态度，而非单纯的自我本身，主体的符号意图处于关系之中，因而打扮最终是作用于人与人之间的关系。当打扮不起作用，或者说没有对他人产生影响的时候，从某种程度上说，打扮是没有达到它的效果的。主体的打扮选择是主体自我认知的最好展现，"无论是在商店还是在家中，选择衣装的时候就是对自身的定义和对自我的最好描述"④。同时，部分主体会流露出本质上属于自己的独特打扮气质。无论什么样的打扮选择，总能带给人一种相似的气质，就如同一个演

---

① 赵毅衡：《两种经典更新与符号双轴位移》，载《文艺研究》，2007 年第 12 期。
② 卡西尔：《人论》，甘阳译，上海：上海译文出版社，2004 年，第 3 页。
③ 赵毅衡：《符号学：原理与推演》，南京：南京大学出版社，2011 年，第 341 页。
④ Alison Lurie, *the Language of Clothes*. University of Pennsylvania, Press, 1981, p5.

员所塑造的一系列人物角色，这些角色的打扮总会给人带来一种似曾相识的感觉。

"在最近几年，文身和身体穿刺暗示了特定的亚文化群，比如罪犯、水手、阿飞或是骑摩托的人等。"[①] 打扮主体通过文身、穿刺等对自我认知进行定位和诠释，具有代表性的电影是《龙文身女孩》：杀马特的短发、烟熏妆、造型夸张的耳环以及让人印象深刻的眉环、鼻环等面部装饰，整部影片中的服装也是以黑色为主的，材质则是以光滑、有质感、冷酷的皮革制品为主（如图5—8所示）。正因为女主人公特有的穿衣风格，电影中人物唯一的一次换装让人印象深刻。由于任务在身，主人公抹去了文身，除去了脸上的穿刺，戴了金色的假发，换了一件暖色调的大衣，从一个非主流、被城市边缘化的流氓形象，瞬间变为具有较高社会身份的上层女企业家（如图5—9所示）。随着人物打扮的改变，与之关联的社会关系也随之改变，从游走于社会底层到穿行于五星级酒店和银行，人物的气质和言谈举止也随之调整。事实上，当人物独处于酒店房间时她便摘下所有的伪装，重新展露自己的文身，不可否认这个褪去打扮的过程，恰恰是人物自我认知和"表演"的时刻。虽然通过改变打扮可以变换人物身份，但归根结底自我认知的人格只有一个。

图5—8　电影《龙文身女孩》中人物独特的打扮

---

① A. S. Kozieł an Sitek, "Self—assessment of Attractiveness of Persons with Body Decoration". ibid. 2013 (8).

图 5—9 电影《龙文身女孩》中人物伪装的打扮

通常情况下，自我认知之所以屈从于身份选择，是因为主体对社会规约的重视。社会的约定俗成对自我表达形成限制，一般情况下打扮主体需要选择违背自我的审美标准，以此来迎合大众审美；反之，如果坚持自我审美，某些情况下接收者的态度会同主体审美产生差别。小说《了不起的盖茨比》中有这样一段描写："威尔逊太太的妹妹是个三十岁左右、苗条而又俗气的女人，披着一头又硬又密的红头发，脸上粉抹得像牛奶一样白。她的眉毛是拔过后又画上的，勾勒出一个更俏皮的眉尖，可是自然的力量却要恢复原来的样子，结果弄得她的脸部有点模糊不清了。"[①] 从威尔逊太太的认知出发，人物会觉得如此打扮会使得自身显得漂亮。而事实上，叙述者的叙述态度很明显体现出对人物打扮的反感，传达的是一种厌恶感，如此二者认知的最终效果产生抵牾。而这种情感恰恰是隐含作者态度的体现，这一态度也明显可以通过对打扮的叙述左右读者对人物的看法。

同样，在张爱玲的小说《留情》中也有如出一辙的叙述表达："灯光下的杨太太，一张长脸，两块长胭脂从眼皮子一直抹到下颏，春风满面的，红红白白，笑得发花，眯细着媚眼，略有两根前刘海飘到眼睛里去。"[②] 通常意义上打扮是为了满足主体的审美需求，但在实际操作中，接收者和打扮主体的不同审美标准决定了最终审美效果的实现。符号发送者的意图意义与符号接收者的

---

① 菲茨杰拉德：《了不起的盖茨比》，刘峰译，上海：上海三联书店，2014 年，第 37 页。

② 张爱玲：《留情》，选自《红玫瑰与白玫瑰》，北京：北京十月文艺出版社，2009 年，第 155页。

解释意义之间的矛盾性，造成了强烈的反讽效果。

但同时读者不难在小说或影视作品中发现有些人物角色天然存有某种独特的打扮气质，任意处于不同的背景环境、人物关系或是打扮的条件下，都能使自身的独特气质凌驾于不同的打扮之上，游走于不同身份之中却不失真我。在电影《变脸》中，尽管男一号从外形和面貌上都与男二号达到了完全的相像，但因为对个人气质无法进行模仿，最终被对方识破。虽然通过伪装可以实现两个个体在外形上的绝对像似，但内在的像似气质却不易被模仿，而这种发自内心的气质恰恰是个体真实自我的外现。

米歇尔·福柯（Michel Foucault）曾经针对打扮与自我的关系发表过自己的看法。福柯认为："身体是自我知识和自我转化的特殊而根本的场所，自我加工并不仅仅是通过美化外貌、使外表合乎时尚，而是通过转化性的经验来美化人的内在自我感（包括人的态度、特征或气质）。"① 打扮符号在福柯这里成为经验转化的工具，通过这种经验上的转化，主体可以从中感受到"身体愉悦的体验"，从而实现主体内在自我的转化。其中，性别气质作为各种身体气质中最为突出的表现，在某种程度上可以逾越打扮建构的形式壁垒而存在。严歌苓在小说《白蛇》中塑造了一个颇具中性的女性形象，她天然的男性气质加上适当的打扮，俨然从"徐群珊"变成了"徐群山"，并逃过了所有群众的眼睛，甚至女主角也一度被"他"的外形和气质所蒙骗："原来我在熟人中被看成女孩子，在陌生人中被当成男孩；原来我的不男不女使我在'修地球'的一年中，生活方便许多也安全许多，尊严许多。这声'大兄弟'给我打开了一扇陌生而新奇的门，那门通向无限的可能性。"②

与身份建构的社会性选择相比，打扮自我式的表现则更加具有特殊性，而实现这个打扮目的的过程所指向的恰恰是实现个体快乐能力的最大化，所展现的也是一种自我式享受。从打扮的过程和结果中获得审美愉悦和心理愉悦的同时，打扮主体也许会陷入一种过度耽腻的状态中。舒斯特曼认为："我们文化的一种普遍倾向：对于身体感性的精微之处和反思性身体意识普遍麻木，而这

---

① 理查德·舒斯特曼：《身体意识与身体美学》，程相占译，北京：商务印书馆，2011年，第21页。

② 严歌苓：《白蛇》，天津：天津人民出版社，2015年，第32～33页。

种麻木又导致了对于畸形快感的片面追求。"① 在西方哲学的传统中，也有不少学者会表现出对身体的赞美，但是难免流于形式，忽略了对身体本身的反思。形式上的赞美，不足以实现个体自身考量身体本身所存在的价值。与历史上严格的传统规约语境相比，当下多元文化的发展融化了禁锢的冻土，因而在当下可能性存在的前提下，主体便通过一种看似矫枉过正的打扮来对传统的身体进行反叛，从而重新找回自我之躯。当意义不在场的时候，符号的作用才最大化；当传统的身体不足以言说自我的时候，打扮才能让其意义得以彰显。正如《龙文身的女孩》中愤世嫉俗的莎兰德，《发条橙》中反传统的亚力克斯，这种极其夸张甚至自虐式的扮相，恰恰是对现实禁锢的一种反叛。或许正是通过极端的矫枉过正，人物才可以达到寻回自我的预期效果。

此外，打扮的物质性表现使人认为它只能是自我外现的一种媒介，事实上，"我们的外表形象影响着我们的感觉和感受，反之亦然"②。在大多数情况下，打扮之初是为了追求外在形象的满足，然而在最终的效果中却往往同时获得了自我内在的感知，以此造就了个体新的体验和感受。"不论是通过照镜子检查并改善自己的形象、将目光聚焦于身体的某一部位如鼻尖或肚脐之上，还是简单地在想象中具象化一个人的身体形态。在外在表象性手段的协助下，更容易获得我们想要的经验。"③ 而打扮能够将表象性的身体和体验性的身体合二为一的经验，恰恰有利于反驳那些认为打扮在本质上会缺乏精神性意义而略显肤浅的观点。总之，打扮并非仅仅是用以装饰自我的"花瓶"，而是让主体在体验的过程中做到"身体与精神"的统一。

对打扮符号的关注实现了主体视角由外向内的转变，从对周遭语境和他者关系的维护到提升自我内在感觉的敏锐度，但这种转变并不是单纯的对身体感官满足的书写，"它也使我们对于他人的需求更加敏感，使我们能够采用富有

---

①　理查德·舒斯特曼：《身体意识与身体美学》，程相占译，北京：商务印书馆，2011年，第22页。

②　理查德·舒斯特曼：《身体美学与自我关怀：以福柯为例》，选自《身体意识与身体美学》，程相占译，北京：商务印书馆，2011年，第43页。

③　理查德·舒斯特曼：《身体美学与自我关怀：以福柯为例》，选自《身体意识与身体美学》，程相占译，北京：商务印书馆，2011年，第43~44页。

成效的行动来更加有力地回应他人的需求"①。因此，当代的打扮尽管越发呈现出解构传统，逐渐走向自我的独特性，但不应该单纯地被视为自我放纵的宣泄口。在更加开阔的目标语境中，它更能够实现自身感官的满足和满足他者需求之间的平衡。

① 理查德·舒斯特曼：《身体美学与自我关怀：以福柯为例》，选自《身体意识与身体美学》，程相占译，北京：商务印书馆，2011年，第69页。

第六章 打扮：对身份虚构与真实的一个讨论

打扮是指个体为达到自我理想形象的目的，而采用一切可以用以形象塑造的装饰的总称，包括具有可变性的化妆、服饰等装饰，以及刺青、整形等作用于自然人体而不易改变的形象塑造手段。打扮的表现形式具有多样性特点，这一特性满足了人类展现不同心理和意识的目的。从宏观上可以将打扮分为两个层次：一是具有虚构意义的舞台艺术表现形式，二是具有真实性意义的生活打扮。对这两个不同层次身体装饰的讨论，都会涉及对主体身份问题的分析。身份的转换对打扮的虚构与真实的讨论具有决定意义。

笼统地讲，打扮是关于人类的一个巨大"面具"，主体通过装饰来隐藏或是突出自身的身份特点，从而达到符合社会价值或自我预期的目的。"面具"的存在是对本真自我的一种伪装，对此进行的研究必然要对真值情况进行分析研究。舞台装饰并不涉及真实与否的讨论，因为作为艺术形式的一部分，舞台装饰拥有虚构性的本质，打扮在虚构的前提下更多被看作艺术，艺术不能被进行真实与否的讨论。与舞台装饰相区别，在生活中打扮符号表意实践活动会对主体的身份认定产生影响，此种情况下则离不开对真实与虚假的讨论。身份是"对身体原有概念的异化，它以观念的身体取代并主宰了事实上的躯体，反映了人们在社会道德、文明意识等社会外驱力作用下对身体的新的认识"[1]。在很大程度上身份需要通过打扮符号来完成表意行为，不同的社会道德和文明意识在打扮上会有不同的显现。

---

[1] 唐青叶：《身体作为边缘群体的一种言说方式和身份建构路径》，载《符号与传媒》，2015年第10辑。

第一节　舞台打扮与身份虚构

这里所讨论的舞台装饰即影视化妆造型设计，是人物艺术行为的主要表现方式。在通常情况下，舞台装饰需要根据人物的具体角色进行设置，参照大众审美标准以及结合创作实践，综合以上元素创造出适合艺术表演者的身份选择。舞台装饰主要表现于戏剧、电影等视听艺术形式中。虽然这些艺术形式要求艺术表演者自身的表演素质和修养，但打扮作为最突出的形象塑造手段，对人物形象在观众心里的最终塑造具有至关重要的作用。

对艺术作品的鉴赏，尤其是电影、小说、戏剧等艺术形式，总会涉及对作品虚构和虚假问题的讨论。"虚构属于艺术规律，而虚假只能是对生活的拙劣模拟。"[①] 好的艺术作品只能够讨论虚构与否，因为它们并没有虚假成分的参与。"虚构—纪事"与"虚假—真实"是讨论文本的两个不同维度，正因为艺术作品自身的虚构性，它就注定同真实无缘；没有对真实性的考虑，也就不存在对作品虚假与否的讨论。

影视戏剧等艺术形式一旦脱离了打扮，就无法对人物形象和人物身份进行有效和理想的塑形。正如一部好的小说需要有好的读者赏识一样，艺术作品同样需要有眼光的观众参与。观众可以通过人物形式上的打扮，把握人物背后所携带的身份和文化背景意义。在某种程度上，我们可以将打扮看作影视戏剧艺术形式的虚构符号。虚构概念的产生源于人们无限的想象力，"一切神话都是在想象中和通过想象以征服自然力，支配自然力，把自然力形象化"[②]。按照艺术形式虚构的程度，可以将其分为纯想象型虚构（imaginal fiction）和源于生活的虚构（real fiction）。纯想象型虚构是指与现实人类生活相差较远的虚构型文本，此文本虚构类型主要存在于神话传说和科幻作品中，比如歌剧《天鹅湖》、电影《魔戒》《哈利·波特》等影视作品。源于生活的虚构是指文本虚构成分较低并可以看出现实原型的虚构文本，例如戏剧《伪君子》、电影《傲慢与偏见》等现实感表现强烈的艺术作品。

---

① 李约拿：《电影的虚构与虚假》，载《电影艺术》，1985 年第 11 期。
② 中共中央马克思恩格斯列宁斯大林著作编译局：《马克思恩格斯选集（第二卷）》，北京：人民出版社，1995 年，第 256 页。

　　纯想象型虚构文本中人物的身体装饰具有创造性和艺术性。因为人物身份传奇性的特质，艺术表演者在演绎人物时需要考虑与此相应的打扮。电影《魔戒》（*The Lord of the Rings*，2001）中的精灵女王凯兰崔尔（如图 6-1 所示），其角色身份是第三纪中土最强大的精灵，以美貌、智慧和强大的力量而扬名，所以电影中该人物具有其特殊的打扮：金色的王冠、尖尖的精灵耳朵、金色的波浪长发、雪白的曳地长裙。独特的打扮将人物凯兰崔尔塑造成不食人间烟火的精灵形象。打扮与人物身份息息相关，如果将霍比特人的打扮用以装饰精灵女王：矮小的个头、暗灰破旧的服饰、不加整理的毛发，凯兰崔尔女王的精灵气质将不复存在。一部好的艺术作品，人物形象的塑造必定鲜明，人物身份的传达在很大程度上依托于打扮，而打扮存在的意义也在于对人物形象的塑造。

图 6-1　电影《指环王》中精灵女王凯兰崔尔的造型

　　观众对虚构艺术真值情况的讨论虽然并没有实际意义，但可以对影视艺术作品中人物形象的"虚假"情况进行评论。事实上，对艺术作品只有"虚构"和"纪实"可言，并没有虚假与否的讨论。艺术作品的虚构可被分为纯想象型虚构和有生活经验参与的虚构，而观众可以对人物形象进行"虚假"评论的情况属于后者。虚构无所谓虚假，只有涉及真实才有虚假可言。正因为此类虚构与真实生活息息相关，所以观众可以将自己的生活经验和审美体验移情于人物形象。"表意方式中，最后必须实现于艺术文本的接收之中：艺术是假戏假看，但是艺术的特殊的文化规则，在假戏假看中镶嵌了一个真戏真看。"[1] 如果人物的装扮和行为表现超出了观众的自我预期和社会价值标准，观众就会产生非"真实"的"虚假"的感觉，这是观众的生活经验参与艺术欣赏的结果。例如前几年比较卖座的系列电影《小时代》（如图 6-2 所示），虽然电影中的人物造型和身体装饰的呈现是忠实于小说文本的，但相比于现实还是太过夸张，让人无法理解，突出表现在每次出场人物的装扮都不相同，并且人物的服装和饰品都是独一无二的奢侈品。

图 6-2 电影《小时代》剧照

与此相比，由于纯想象型虚构艺术的背景设置在超出人类真实社会的世界，比如神话、魔幻作品等，因此观众不会将自我生活经验投射其中，而是将其完全看作艺术性虚构作品，对人物的打扮和行为表现不会有"虚假"与否的讨论，而更多转向对艺术文本的创作手法和展现方式发表评论。所以说，"艺术没有'真正'的现实。电影和其他艺术一样也是如此"[2]。艺术和真实之间的距离需要虚构进行填充。

第二节　生活中的多重身份建构

由于人物形象塑造的要求，演员的打扮会因不同的人物选择而进行相应的变化。相对于舞台装扮，生活化的打扮具有稳定性。个体虽然会因场合、身份

---

① 赵毅衡：《艺术"虚而非伪"》，载《中国比较文学》，2010 年第 2 期。
② 让·米特里：《电影美学与心理学》，崔君衍译，南京：江苏文艺出版社，2012 年，第 69 页。

的不同而选择不同的打扮物，但都会存在一个相对稳定的认知个体，即人格，这也是个体有其特有气质的原因。

身份具有多变性，相对于身份，人格更具有稳定性。人格（personality）一词最早源于拉丁文"persona"，有面具的意思。荣格将人格看作"自我的外延"①，"这是人对于社会习俗和惯例向他提出的要求做出反应时所具备的外壳；可见它有假托和充当的意思"②。人格是个体在环境作用下形成的一种比较稳定的、整合性的特殊的身心体验，所以正常人的人格只有一个，但身份却可以有很多个。

身份表意行为的最终完成不仅是个体自我决定所获得的，更需要他者的参与完成。所以，身份具有真实的可判断性是可以进行真假讨论的。生活中不乏会有人假扮某些身份进行有目的的行骗，当这些虚假的身份被识破的时候，个体所谓的身份也就不复存在。身份依托于特定的语言背景而存在，身份通过打扮进行言说。

骗子可以通过虚假身份对自我进行包装，这在很大程度上得益于打扮的伪装效果。比如，在火车站或是天桥上等人流量较多的场所，经常可以见到穿着破烂、满脸灰尘，跪卧在地，面前摆放着碗盆索要施舍的流浪汉。新闻也时常爆料出，这些赚取行人可怜的人是如何借用破旧的行头来赚取不义之财。事实上，他们在"下班"后脱去"可怜的"打扮之后，也会和普通人一样消遣，甚至出入奢侈的场所。更有骗子身穿假冒的名牌出入高档场所行窃，而门外的安保人员因骗子衣装考究不予盘问。骗子正是利用不同的打扮对自我进行包装，伪装成符合身份的个体，骗取他者的信任，进而完成行骗。

身份不是由背景环境所决定的吗，为什么个体可以自由地选择身份呢？因为身份与人格不同，具有复杂性。一个人在家庭里的身份是父亲，在公司的身份是领导，在国外的身份是中国人。毋庸置疑，背景环境决定身份，但这些身份存在的前提都是真实的，而非虚假的。这些真实身份的识别是他者在与个体长时间接触的过程中，逐渐总结出的结论。但当他者与个体初次接触并进行交

---

① 陈中庚：《试论人格心理及有关的某些概念》，载《北京大学学报》（哲学社会科学版），1986年，第4期。

② 陈中庚：《试论人格心理及有关的某些概念》，载《北京大学学报》（哲学社会科学版），1986年，第4期。

互的时候，决定身份的主动权掌握在装饰个体的手中，而非个体所携带的事实本身，因为一个身份的确认并非个体自我就能完成，同时需要他者进行对话回应。

第三节　打扮的二度区隔效应

在电影、戏剧等艺术文本中，艺术表演者因塑造人物的需要，会选择不同的舞台装饰对自我进行包装。二流演员演绎的是自己，而一流演员演绎的是人物。一位好的艺术表演者可以通过打扮的变换完美塑造不同的人物形象。但是即便再天才的表演艺术家，依然总被观众第一眼就识破为虚构的艺术。"'虚'与'非伪'，'不实'与'诚'，构成了艺术表意的两个基本层次，互为条件，互相配合。艺术表意必然是'虚'与'非伪'的某种结合方式，两者不可能缺其一。"① 与艺术角色相对应，生活中的不同身份是人们在不同的"生活舞台"中演绎的"戏剧角色"。生活中不同的身份演绎，需要个体运用特定的装扮作为"表演"道具，在通常意义上，这个角色是没有虚构可言的，因为它是真实的存在。无论是虚构身份还是真实身份，两者离开了打扮就无法有效地对身份进行展现。

生活中的身份没有虚构与否，只可以谈论"真实"与"虚假"。虚假身份的产生在于他者被个体通过打扮符号发出的身份信息所误导，从而导致身份识别与真实情况出现差池。正如戈夫曼将自我看作"表演"，虚假身份的演绎正是骗子在真实生活中上演的一场"表演"。如果说剧场中演员的行为被称为艺术，那么从某种程度上来看，在生活中骗取身份的行为也可以被称为另一种"艺术"。在此意义上，行骗艺术和表演艺术可以等同，它们都是通过打扮、采用辅助道具等对人物身份进行表演。那么同样是"艺术"，为什么前者可以被看作虚构，而后者只能是虚假呢？

为了区分虚构与纪实文本之间的区别，赵毅衡提出了"双层区隔"（the double framing principle）理论。双层区隔是指"虚构叙述的文本（fictional narrative）并不指向外部'经验事实'……而是用双层框架区隔切出一个内

---

① 赵毅衡：《艺术"虚而非伪"》，载《中国比较文学》，2010年第2期。

层，在区隔的边界内建立一个只具有'内部真实'的叙述世界"①。简单来讲，叙述文本之外的真实世界是一个区隔，以虚构文本形式为界，文本内部又是另外一个区隔。"一度区隔是再现框架，把符号再现与经验世界区隔开来。"② 比如纪实叙述对真实世界的记录。二度区隔是"符号再现中的进一步再现"，被看作虚构，演员上台演出、舞台及其装扮都可以被看作隔的标志。

双区隔理论运用于虚构文本，同样适用于对身份问题的讨论。一度区隔所具有的区隔标志是个体因环境而配备的打扮，打扮的区隔标志指向了不同的身份选择，而隔开的是个体较稳定的一面——人格。二度区隔的区隔标志同样是打扮、背景装置等暗含有指示作用的符号（如图6-3所示）。

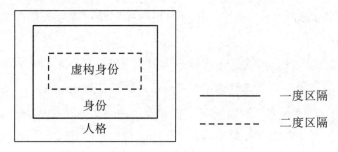

图6-3　双区隔理论用于虚构文本身份讨论

一度区隔是具有真实表达的"窗户效果"，身份虽然具有多变性，但归根结底还是属于真实，而二度区隔则会显现具有明显虚构成分的"景框效果"，镜框的指示作用已经告知内容为虚构、非真实。生活中在大多数情况下，人们都处于一度区隔之中，即真实世界。而上文中提及的身份骗子则需要将二度区隔引入一度区隔中。骗子是如何成功建构二度区隔的？区隔建构需要区隔标志进行划分，虚假身份被认可的前提是骗子和被骗者信息量不对等，没有过多交集。在这种情况下，被骗者除了可以根据骗子的一面之词来判断，还可能把握的客观事物就是其打扮。事实上，看似客观的装扮却是骗子用心选择的准备，是对自我身份的一种有力伪装。

因为身份涉及个体和社会（他者）之间的关系问题，所以单独的个体无法对身份进行自我定义。如果骗子得手并不为被骗者所知，身份则是所伪装的身

---

① 赵毅衡：《广义叙述学》，成都：四川大学出版社，2013年，第77页。
② 赵毅衡：《广义叙述学》，成都：四川大学出版社，2013年，第77页。

份，骗子和被骗者始终处于一度区隔之中；但如果骗局被识破，骗子事先伪装的身份就会被骗子身份所取代，之前的行骗行为则突破一度区隔，进入二度区隔，戳穿之前的虚假身份。刘易斯认为"虚构仍是关于我们视为现实之外的另一个世界的故事"①。如果说两度区隔划分了两个世界，一个是真实世界，一个是虚构世界，那么舞台艺术很明显是这两个世界的集合体，而身份欺骗则明显是骗子在一个世界中"表演"。

无论是区别真实身份的一度区隔，还是区别虚假和真实身份的二度区隔，二度区隔的建构都离不开打扮的指示作用。骗子通过打扮创造一个假想舞台，在此种情况下被骗者和骗子一同在"舞台"上进行虚构性演出，只是被骗者不知自己已经是虚拟舞台上的"演员"，当骗局被识破，虚构的假想舞台就随之坍塌。

符号具有能动性，奥斯汀在言语行为理论（Speech-act Theory）中指出言语的行为效用，称之为"施行话语"（performative utterance）。"言语的发出就是在实施一个行为。"② 约翰·赛尔解释所谓的"表演"（performatives）指的是"行动，比如承诺或者发出命令"③，"以言行事"对言语的具体表达有特殊的要求。打扮作为主要的身势语言，同样具有"以言行事"的效用，个体通过打扮暗示自我身份，并对接收者的意识产生影响，表现出"以形行事"的询唤作用。

由于符号的意指行为是符号系统自身产生的结果，打扮成为社会行为者的一种有效言语方式和修辞技巧。打扮符号的表意实践活动作用于身体，产生不同的身份效果。用以虚构艺术，观众可以有效根据演员的扮装，对人物身份进行定位，也可以将虚构艺术和真实生活进行有效区分。打扮（伪装）可以看作是骗子向被骗者传递"身份意义"而采用的符号载体。建构虚假身份的同时，打扮符号无形中发挥了区隔效应，因为涉及对事实真值情况的讨论，所以该区隔区分了真实和虚假。装饰符号对虚构艺术和真实生活中身份情况的讨论，具

---

① 玛丽-劳尔·瑞安：《故事的变身》，张新军译，南京：译林出版社，2014 年，第 35 页。

② John Langshaw Austin, *How to Do Things with Words*, Oxford：Oxford University Press, 1962, p. 106.

③ Searle, John R, *Consciousness and Language*, England：Cambridge University Press, 2002, p. 67.

有不同的表意形式。虚构艺术由于其形式（打扮）的突出特点，观众可以直观地将其与现实区分开来；而对现实生活中身份的讨论，因为没有了可感的形式依托，对身份真实与否的判定需要身份接收者对身份发送者的伪装（打扮）进行判断。

第七章　打扮的标出：性别与易妆

第一节　标出性与打扮的标出

"标出性"（markedness）又被记作"标记性"，这个术语最初来自语言学，用以形容"对立的两项不对称，出现次数较少的那项，就是'标出项'，而对立的使用较多的那一项，就是'非标出项'"[①]。通俗来讲，标出性就是标出项突出的特性。不仅在语音、语法等语言现象中存在标出现象，在社会文化中标出性同样是一个值得探讨的问题，事实上不可能存在完全平等的对立，所以对立的不平衡性便成为标出性的基础。其中与标出项对立的是正项，而所占比例最大的是趋同于正项的中项。"标出项之所以成为'标出项'，就是因为被中项与正项联合排距。这种中项偏边现象，是文化符号中判断标出性的关键。"[②]

标出项是相比中项和正项而言比较边缘化的部分，但也正因为标出项的存在，才更加明确了正项所处的绝对优势的位置。但在讨论标出项的时候，笔者认为应当有一个"超正项"的部分被考虑在内，所谓的"超正项"就是符号呈现出的意义价值能够完美地匹配共同体中价值取向的部分。绝大多数人的行为都是在社会集体价值观所涉及的范围之内，但能够使个体的行为价值绝对符合社会规约标准的却鲜有存在，因为这种情况是最理想的社群状态，也是最不易实现的情况。正因如此，这种"超正项"的行为与被边缘化的"标出项"一样，可以成为被标出的部分。因而，我们可以把这种"超正项"的符号看作标出的另一种形式。

---

① 赵毅衡：《符号学：原理与推演》，南京：南京大学出版社，2011年，第281页。
② 赵毅衡：《符号学：原理与推演》，南京：南京大学出版社，2011年，第285页。

　　打扮符号作为社会仪式的重要形式之一，一方面承担着确立主体自我和社会关系的媒介作用，另一方面还起着在社会交际中对自我以及他者表达尊重的作用。尽管社会规约的价值已经决定了生活中绝大多数打扮行为的表现方式，但作为存在个体意识的主体，人们总是用可以被许可的方式，在千篇一律的标准下增添一抹个人的意识。

　　在本书前面的章节中，笔者针对打扮在历时和共时环境下的发展趋势进行了分类，并分析指出了艺术化打扮是打扮符号现在以及未来发展的趋势。而艺术化打扮趋势的产生也正是符号标出的一种正常规律。传统化规约的打扮已经无法满足人们对"创新"尝试的需求，因而艺术化倾向越来越成为个体在千篇一律的传统选择中脱颖而出，进而实现自我的标出。然而，艺术化打扮主体的标出并非一帆风顺，最初难免受到阻碍，人们都不擅长对业已形成的认知方式说不，也不习惯将原有的有序性打乱，而出于以上对未知的恐怖，可以说人们被禁锢于传统社会秩序之中。

　　"生活方式包含一组习惯和偏好，因此具有某种一致性。这种一致性将所有选项进行有序排列，而且它对于连续不断的本体安全感至关重要。选择了一种给定的生活方式的人必然会把多样的选项视为与该种生活方式'不相称'，与其进行互动的其他人也会抱有相似看法。此外，对生活方式的选择或创新，会受到诸如群体压力、标杆式角色以及社会经济大环境等因素之共同影响。"[①]艺术化打扮的标出性选择正是当代人生活方式的创新，是对程式化自我表现的反抗，也是经济发展和消费时代的产物。

　　在后现代社会中，由于意识形态、文化态势的杂糅和融合状态，不同文化场域中的文化形式、意识形态、社会阶层之间的种种界限逐渐趋于模糊状态，在"差异化"边界消失的同时，"意义"也随之消失，取而代之的是"去中心化"的外在形式呈现。在这一文化语境之下，主体的打扮也略显"支离破碎"，先前的化妆语言开始被重新建构，在看似混乱的符码之中，意义的呈现过程开始从外在的社会语言向主体内在的自我语言转向。"绝对自我"开始冲破社会规约的牢笼，而在打扮上进行显现。其中，表现在处于时代前沿的时尚界，例

---

　　① 安东尼·吉登斯：《现代性与自我认同》，夏璐译，北京：中国人民大学出版社，2016年，第77页。

如每年都会上演的时装秀展。时装设计师瑞克·欧文斯（Rick Owens）于巴黎男装周发布 2017 秋冬男装系列。在本季的秀展上，欧文斯延续了其大胆的时尚创意，模特如同行走的气球，打扮的传统元素在欧文斯这里被完全解构，而重构成前卫的装置艺术作品，形式的概念化成为时尚的新元素（如图 7-1、图 7-2 所示）。而这种后现代主体的"去中心化"状态，也使得身份认同越来越难以捉摸。主体外现形式的复杂化和多样化，反过来又进一步加剧了后现代主体的"不确定性"。

图 7-1　Rick Owens 2017 秋冬系列男装秀（一）①

---

①　图片来源：http://www.neeu.com/read/69925.html. 2017 年 3 月 20 日。

图 7-2 Rick Owens 2017 秋冬系列男装秀（二）①

第二节 打扮的性别标出

早期的女性主义者西蒙娜·德·波伏娃（Simone de Beauvoir）曾经表示，人类的生理性别（sex）从出生起就已经被决定了，但心理性别（gender）却在社会的塑造过程中处于游离的状态。朱迪斯·巴特勒（Judith Butler）也在《性别麻烦》（*Gender Trouble: Feminism and the Subversion of Identity*，1990）中指出，人类的"性别"并非简单的二元结构，而呈现出多元状态。随着社会开放性和多元化的发展，人类自身也越发开始尝试剔除社会规约对个体心理建造的无形框架，将更加自我的心理性别通过打扮展现出来。

事实上，一个完美的主体必然是一种雌雄同体的状态，正如柏拉图在《会饮篇》（*The Symposium*）中所说："我们每个人都只是半个人，就像儿童们留作信物的半个硬币，也像一分为二的比目鱼。我们每个人都在一直寻求与自己相合的那一半。"② 而心理学家荣格也发掘出人体中存在的女性原型——"阿尼玛"（anima）和男性原型——"阿尼姆斯"（animus），这个双性系统。

---

① 图片来源：http://www.neeu.com/read/69925.html，2017 年 3 月 20 日。
② 柏拉图：《会饮篇》，王太庆译，北京：商务印书馆，2013 年，第 229 页。

只是因为社会意识形态对人类生理和心理性格的一致性强加了太多社会偏见，所以男性身上的女性气质以及女性身上的男性气质总是不为传统所接受，并处于被社会边缘化的地位。

在法兰克福学派看来，小说、电影等大众艺术所代表的大众文化，是资产阶级用以渗透其意识形态和欺骗群众的伎俩。而葛兰西文化霸权（cultural hegemony）概念的提出则将大众文化从意识形态论、阶级决定论的怪圈中解放出来，从而影响了大众文化的研究方向，"葛兰西对阶级决定论的摒弃使文化研究能够将视野扩展到文化斗争的其他领域，如阶级以外的性别、种族乃至年龄压迫等"①。在葛兰西看来，文化意识形态存在的重要原因是文化中的差异性和矛盾性，其中，性别的天然优势让其成为文化研究所讨论的主要对象。男性与女性天生被看作对立统一的两个个体，同样作为社会中存在的主体，男性和女性被不同程度地标出，"标出"的最明显也最简单的表现形式就体现于打扮的区别性上。

将当下的小说、电影艺术作品与历史上的进行比较，文本中人物的打扮叙述呈现出更加开放和多元的状态，性别化打扮已经不是束缚人物个性的枷锁；更有特定种类的文本，专门着眼于社会中日益壮大的易装群体，以打扮来传达对主体真实自我和身份的重视。在人类所有的身份类型中，性别身份是自我认知的基础，只有对自我性别身份有了充分的认知，才能够实现心理身份与社会身份之间的调和。

社会规约下的两性打扮，并非是针对性别属性天然形成的，而是社群共同体的虚构性想象。当社群对性别具有统一想象的价值观，并倾向于去相信它的时候，所谓的"男人"和"女人"也就被塑造出来了。而在历史上很长一段时期之内，这些被想象建构出的性别意识很快被根深蒂固地镌刻在人类的社会规约之中，久而久之这种固定的程式被反映在打扮符号之上。

除了社会性别是被想象所建构的，在某种程度上可以说，不同种族和人种的外貌审美也是虚构和想象框架下的牺牲品。"天生自然的生物学，可能性几乎无穷无尽。然而，文化却要求必须实现某些可能性，而又封闭了其他可能

---

① 罗钢 刘象愚：《文化研究读本》，北京：中国社会科学出版社，2000 年，前言，第 18 页。

性。"① 自然的创造天生没有优劣的区分，但人类却在自我建构的文化想象中将人类在种族上进行了美丑、优劣的划分。"例如美国的审美就是以白人的美丽作为标准，白人的特质就是美丽的标准，浅色的皮肤、金黄的直发、小而翘的鼻子等等。至于典型的黑人特质，例如黝黑的皮肤、蓬松的黑发、扁平的鼻子，则被视为丑陋。这些成见使得原本就由想象建构出来的阶级意识更是进到意识深层，挥之不去。"② 被建构出的审美标准逐渐成为主体自我审美的范本，即使是拥有了他人所向往的社会地位和金钱，迈克尔·杰克逊也难掩内心深处对"美"的向往。迈克尔·杰克逊的一生共接受过 12 次整容手术，包括 6 次鼻子、3 次下颌、2 次嘴唇和 1 次面颊（如图 7-3、图 7-4 所示）③。

图 7-3 迈克尔·杰克逊整容之前　　图 7-4 迈克尔·杰克逊整容之后

　　事实上，当人类在自我想象建构出的审美价值观下不断实践着这一意识的同时，恰恰再次强化了这种想象的合理性。某些特有的身形外貌逐渐在想象的建构中趋于最完美的状态，因而被世人所标出，这也是为什么"金发碧眼"的西方特质成为人们对女性审美的一种想象。

　　而当我们在社会共同体的想象中着力寻求被标出的可能性的时候，也是我

---

① 尤瓦尔·赫拉利：《人类简史：从动物到上帝》，林俊宏译，北京：中信出版社，2014 年，第 144 页。

② 尤瓦尔·赫拉利：《人类简史：从动物到上帝》，林俊宏译，北京：中信出版社，2014 年，第 141 页。

③ 参见周孝麟：《迈克尔·杰克逊"变脸"后的思考》，载《医学美学美容》，2003 年第 6 期。

们本身参与标出性建构的过程。在生物学中，人类被 DNA 天然地划分为男性（male）和女性（female），在人类社会中则有与之对应的"男人"和"女人"，但事实上，"那些社会学的名称负载了太多意义，而真正与生物学相关的部分少之又少，甚至完全无关"[①]。社会语境中的"男人"需要符合"想象秩序的位置"，在文化背后虚构的想象中，男性应该拥有与之相衬的外貌和着装，言行举止也都要符合自身的男人角色；同样的，女性也被每个社会文化虚构出特定的角色定位，需要符合女性特质的打扮习惯，承担起服从的社会义务等。所以，从这样的定位中可以看出，整个社会性别的建构是在"男人"和"女人"各自遵循了虚构但被社群统一认可的社会价值观的基础上形成的。

"从出生到死亡，男性必须一辈子不断通过各种仪式和表演来证明自己真的是条汉子。而女性也永无宁日，必须不断说服自己和其他人自己散发着女人味。"[②] 说服的最佳例证莫过于通过有形的打扮行为对自身进行包装，以此来满足各种"仪式和表演"，从某种程度上，可以说打扮从一开始就使得生物学上的"男性"和"女性"，成为社会学意义上的"男人"和"女人"。

在小说《白夜行》中，东野圭吾向读者叙述了一位外形几近完美的女性：雪穗。雪穗的完美在于她从自己外在的打扮到内在的身形气质，都达到了社群普遍价值所认可的程度，或者说已经超出了普通人所能达到的共同体的满意度，而这种"非另类标出"恰恰也是符号表意的一种标出情况。叙述者口中的雪穗从来不用夸张的打扮来点缀自己，而总是以最得体的打扮出现在最适合的场合，并用自身独特的传统气质赢得受众的青睐。在继母礼子的葬礼上，雪穗一袭黑衣，"一朵黑玫瑰，他想。他从未见过如此绚丽、光芒如此夺目的女子"。在搬家、打扫的日子里，雪穗一改裙子和高跟鞋的传统打扮，而是换以更加闲适的裤子和运动鞋。这个人物的呈现是整部小说的关键，近乎完美的传统女性形象的塑造迎合了绝大多数男性观者的审美观和价值观，但同时这也同该人物背后所承载的黑暗面形成极其强烈的反讽效果。

由于打扮所具有的区别性特征，绝大多数人类文化中的标出现象皆表现于

---

① 尤瓦尔·赫拉利：《人类简史：从动物到上帝》，林俊宏译，北京：中信出版社，2014 年，第 146 页。

② 尤瓦尔·赫拉利：《人类简史：从动物到上帝》，林俊宏译，北京：中信出版社，2014 年，第 147 页。

此。对打扮产生原因的最通俗解释，就在于其满足了主体的自我展示欲，以及主体自身对个体的唯一性进行强调，与此同时打扮更是提高了个人的性吸引力。但同时也应看到环境对打扮标出的反向推动作用，不同的文化语境具有其自身的文化规约习惯，比如在学校，学生身份的打扮不能有暴露的衣着和夸张的发型，而在酒吧里如果某个人穿着正式的工作服则会被看作另类。

电影《风月俏佳人》（*Pretty Woman*，1989）中当女主人公以一身洛杉矶妓女的扮相出现于高级酒店时，其暴露、媚俗的风格同周围高雅、大气的环境格格不入，以至于男主人公需要将其风衣披在她身上以躲避众人鄙夷的眼神（如图7—5所示）。倘若电影的背景设在夜晚洛杉矶的街头，人物的打扮便不会被标出，反而与环境自然融合。正是环境因素对打扮产生的规约作用让人物打扮在不同的背景中被标出。

图7—5 电影《风月俏佳人》（*Pretty Woman*，1989）

打扮从最初前文明时期夸张的呈现，到文明时期对身体本身的打扮，再到现代社会中发展的异类打扮，所反映的是标出性的选择问题。从小说和电影文本中角色的打扮设定和叙述选择可以看出社会主流价值观对性别选择的偏好。从某种程度上讲，男性、女性的自然属性决定了其社会属性中打扮所带来的区别性差异，这个差异存在也是打扮主体作为男性或女性的标出性选择。在实际操作中，社会对男性和女性打扮的规约性限制导致既定价值观审美的形成，比如女性打扮需要体现女性阴柔贤淑的气质，而男性打扮则需要体现阳刚硬朗的男性气质。中项性别打扮并不会被标出，而是同社会价值相抵牾的异性打扮更具有非性别的标出性特点。

第三节　性别标出的历史翻转

在不同的社会文化中打扮在性别上反映出不同的标出选择，前文明社会中男性打扮标出，文明社会中女性打扮标出，以及现代社会的异类标出等。在涉及同等时代背景的小说和电影文本中也明显呈现出这种趋势。事实上，前文明阶段的人类是男性扮演着突出标出的角色，通过打扮实现对异性的吸引多于女性。这一方面是由于母系氏族的女性统治地位，另一方面在于男性生殖需求下求爱者地位的束缚，所以其必须通过打扮符号来达到吸引异性关注的目的，在这种情况下男性属于标出项，希望获得正项（女性）的认可。

而在文明社会中，这种标出现象发生了反转，女人开始需要用打扮来赢得异性的求爱。如果说传统的化妆和打扮技巧是完全女性化的，那么20世纪初所产生的先锋派（avant-garde）艺术则使得服饰打扮表现出不羁的男性化趋势①。随着人们对自身身体的不断认识，打扮不再总是男权审视下的女性化倾向，而加入了男性化的元素，以此对传统话语进行对抗。同时，在高级的文明阶段中，打扮的意义已经不再停留于吸引异性的生理需求，还表现为自我心理需求的一种满足。打扮出现了不以吸引异性作为自我标出的目的，反而是正视以及寻求内心自我的行为。

例如，女同性恋或是男同性恋越发被社会所理解和接纳，他们通过反性别的打扮选择成为异于自然选择的存在，也正因为其特殊性而成为现今社会性别的标出项。电影《丹麦女孩》（*The Danish Girl*，2015）向读者再现了一个男性外衣包裹下的女性躯体如何寻回自己女性身份的过程（如图7-6所示）。而这个寻回的过程恰恰源于人物的妻子不经意间给他穿上的丝袜。"丝袜"作为女性打扮中最具有诱惑力的一部分，唤醒了人物内心深处女性主我的诉求，他开始义无反顾地带上假发，化精致的妆容，涂上诱惑的红唇，穿上纤美的外衣，从最初在镜子前孤芳自赏，到最后走上街头，勇敢地追随自己的爱人，再

---

① Jones，Amelia. *A Companion to Contemporary Art Since* 1945. New Jersey：Wiley-Blackwell，2006．p. 165.

到通过变性手术完全实现从男人到女人的蜕变，人物从心理和生理上都经受了内在自省和外在社群传统价值观所带来的压力。

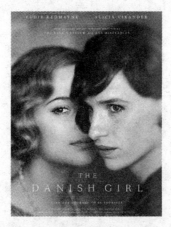

图 74 电影《丹麦女孩》(*The Danish Girl*，2015)

在社会共同体的认同之中，人物的易装标出性行为是被社群大为诟病的，但《丹麦女孩》中的人物以及其妻子的艺术家身份，让他们能够比普通人更加接近艺术本身，从而对主体和社会所赋予的性别统治有更加深刻的认知。所以，在某种程度上，可以说电影中人物的自我打扮也是对艺术追求的一部分，也是这个时代所赋予的新的潮流。某种艺术符号的突出特质在于其与众不同的标出性，"差不多每一种伟大艺术的创作，都不是要投合而是要反抗流行的好尚"①。电影中的人物反抗既定的文化和道德话语权，而将自我的女性身份通过打扮这一媒介载体表现出来。打扮是行动的艺术，更是主体接近自我本体的探索过程。

不可否认，标出项被确定的同时也确定了其社会边缘的地位。在早期的小说、电影文本中由于社会对男性审美的迎合，女性人物往往被塑造成具有典型的女性特质，精美的妆容，略显腰身的服装，搭配高跟鞋和丝袜，女性的妖娆和性感摇曳其中。女性随着对自身主体地位要求的上升，越发想要挣脱男权话语的束缚。在电影《时尚先锋香奈儿》(*Coco Avant Chanel*，2009)中，人物将女性从束缚的胸衣中解放出来，女性的服饰也从繁复的群装样式向偏向中性

---

① 格罗塞:《艺术的起源》，蔡慕晖译，北京：商务印书馆，1984 年，第 13 页。

的简单化方向发展，曾经属于男性的裤子也开始在女性身上呈现（如图7-7、图7-8所示）。

图7-7 电影《时尚先锋香奈儿》剧照（一）

图7-8 电影《时尚先锋香奈儿》剧照（二）

所以，小说和电影艺术中对打扮的叙述，展示了打扮的标出性发展规律，从前文明时期的"男性标出"，到很长一段时期的"女性标出"，再到当下所反映出的"自我标出"，标出性在打扮上与性别的关系处于一种日渐游离的状态中。先前统一的、传统的阐释社群在自我标出的多元阐释下，其发展也日益呈现"无标出"的趋势。所谓的"无标出"指的是当整个社群的绝大多数个体都呈现出一种自我标出的状态，那么从整个大的社群环境来看，便是一种"无标出"状态。正如在《发条橙》中，作者吉伯斯给读者展示了一个"未来世界"，在"亚力克斯社群"中，他们普遍都用反传统、超前的打扮作为自我的外现，因此在这个社群中可以说他们每个人都处于自我标出状态，同时也就解构了"标出性"，从整体来说又呈现出非标出性。

第四节　"易装"与性别选择

对于身份的讨论，归根结底应当从性别身份开始。"身份"因文化环境的区别而区别，但"性别"是从人出生起并在之后成长的过程中不断被强化的一种身份，因而个体最基本的身份莫过于"性别身份"。个体性别身份是通过生理性别、社会性别和个体欲望等共同作用而确立的。人们通常意义上所理解的性别是"可理解的"性别，"'可理解的'性别是指的那些建立和维系生理性别、社会性别、性实践与欲望之间的一致与连续关系的性别"[①]。所以在文化和文学中"非正常化的"性别总是处于被边缘化的标出状态。

在朱迪斯·巴特勒看来，性别不应该简单地因生殖器官的不同而被粗暴地进行二元划分。性别因为生理性别和社会性别之间微妙的关系，可以被分为多种类型。黑格尔说"存在，即为合理"，不能简单地将"那些不连续、不一致的幽魂——它们也只能透过与现存的连续性与一致性规范的关系来被想象——一直是被法律所禁止、所产生的"[②]。这种"被法律所禁止、所产生的"性别同样需要得到尊重，正是它们的存在让"性别"更加扑朔迷离地呈现出多义的状态。"性别"除了有文化建构的作用，它们也属于主体建构的一部分。对非生理性别作用下的身份研究，是探究人类文化、心理以及主体自我所不能回避的。

"易装"与"变性"的选择，恰恰强调了个体所期望建构的主体内在、外在的一致性状况。虽然在社会规约作用下社会性别的建构会屈从于生理性别，但其实心理性别才是主体对自我真实状况的认知，相比指向外在关系的社会性

---

① 朱迪斯·巴特勒：《性别麻烦——女性主义与身份的颠覆》，宋素凤译，上海：上海三联书店，2009年，第23页。

② 朱迪斯·巴特勒：《性别麻烦——女性主义与身份的颠覆》，宋素凤译，上海：上海三联书店，2009年，第23页。

别，心理性别呈现出向内的、更加接近主体自我的意义向度。从某种意义上讲，"心理性别"才是主体的真正性别。"易装"和"变性"现象的普遍存在，显现了更多主体可以完成自我生理性别、社会性别、心理性别的统一，从而实现自我合理的满足。

从历史上看，打扮符号从最初的身体表面的穿戴装饰以及直接针对皮肤的打扮，发展到如今主体通过物理或化学手段对自身形体进行根本性改变，甚至是对自我生理性别的完全反转。为了达到既定的审美标准，历史上人们早就开始对自然机体进行后天加工，如中国古代社会裹小脚的传统，维多利亚时期西方女性饱受鲸骨、皮革等材质做的束腰带来的生理痛苦。个体为了满足社会大众审美标准所带来的愉悦感，忍受着身体被阉割所带来的极大痛苦。

如今虽然已经没有了裹脚、束胸等畸形的道德绑架意识的存在，但越来越自由的选择使得更多人开始为美丽进行大胆想象：整容、丰胸、抽脂、换肤等已成为当下流行的打扮。越来越多的小说、电影开始揭露这一社会现象，如《窈窕淑男》（*Tootsie*，1982）（如图 7—9 所示），《丑女大翻身》（200 *Pound Beauty*，2006）（如图 7—10 所示），国产电影《整容日记》等。电影作为大众艺术的典型，越来越将"易装"作为时代的新主题。无论是打扮主体利用易装实现自我心理性别的满足，还是为了迎合社会而做出的自我牺牲，无外乎都是为了达到自我既定审美标准的要求。

图 7—9　电影《窈窕淑男》剧照

图 7—10　电影《丑女大翻身》剧照

不可否认，变性手术是整容最极端的表现，它从根本上将个体的生理性别进行反转。事实上，变性是从生理上对主体心理和生理进行统一，但并非所有的主体都有勇气为实现自我性别认同而进行坚决的抗争。所以，不仅是生物学意义上的性别变体，从某种意义上讲，只要涉及心理性别和生理性别之间的差异性，都可以将其看作具有性别选择的可能性。而这种选择所表现出的是主体对自我的再认知，也即主体对自我身份的主动选择。性别认同并不是一个绝对概念，它涉及"社会性别认同"和"自我性别认同"两方面。社会性别认同源于主体的生理性别，社会传统价值自然而然地将生理性别作为判断的主要依据，"自我的性别认同是自我发展过程，它将人们分为不同的个体"[1]。而通常情况下，自我性别认同受到来自社会性别认同的压力会选择屈从，当自我性别认同被释放，主体对自我性别的认识与社会性别认同之间产生矛盾并有欲望进行表达时，主体便通过打扮进行言说和反抗。

人们普遍性地将"自我"分为"主我"和"客我"两个方面，所谓的"客我"是能够让主体"在共同体中维护其自身的自我，它在该共同体中得到承认"[2]，所以"客我"所对应的是社会群体中分享社群同一价值观的自我，它是循规蹈矩、因循守旧的个体；而"主我"是"当共同体的态度出现在个体自己的经验之中时个体对这种态度所做的反应"[3]。与"客我"所对应的有规律

①　佟新：《社会性别研究导论》，北京：北京大学出版社，2005 年，第 69 页。

②　乔治·H. 米德：《心灵、自我与社会》，赵月瑟译，上海：上海译文出版社，2005 年，第 154～155 页。

③　乔治·H. 米德：《心灵、自我与社会》，赵月瑟译，上海：上海译文出版社，2005 年，第 155 页。

的顺应相比，"主我"更具有主观能动性，主体的反应或许可以在共同体中得到承认，也或许会与社群普遍价值观相违，但无论如何，都是主体在一个有组织的共同体中做出的反应，这样一个反应的过程可以透彻地表现出主体的真实自我。

至于主体的两个方面，"主我"和"客我"是如何出场的，这在很大程度上取决于"情境"。如果打扮主体希望通过打扮叙述迎合共同体中他者的普遍态度，他便以一种"客我"的姿态保证对自身权利的认可。通常情况下这所带来的是对自身地位和权势的言说，这也是主体能够进入他人经验的基础。当打扮所呈现的身份与共同体中的统一价值观相抵牾的时候，主体的"主我"便对循规蹈矩的"客我"有所"修正"，却更加趋于本真的个体。

杜拉斯在《情人》中描写了一个外表纤弱、内心强大的白人少女形象，作为整个文本的叙述者"我"的形象首先通过渡河上的打扮被定格。"我身上穿的是真丝的连衫裙，是一件旧衣衫，磨损得几乎快透明了。……我在腰上扎起一条皮带……那天我一定穿的那双有镶金条带的高跟鞋……这样一个小姑娘，在穿着上显得很不寻常，十分奇特，倒不在这一双鞋上。那天，值得注意的是小姑娘头上戴的帽子，一顶平檐男帽，玫瑰木色的，有黑色宽饰带的呢帽。"①"我"的打扮与文本语境下的社会统一价值观并不十分相符，"在那个时期，在殖民地，女人、少女都不戴这种男式呢帽"，而"我"的纤弱柔细的少女体型在男性的帽子下变成了"这样一个女人有拂人意的选择，一种很有个性的选择"。巨大的男人的帽子与纤弱的身体实质上并不相称，少女的身形和年龄也并不相符，但叙述者用强大的内心外现了主体中"主我"方面的男性化倾向。而与叙述者相对应的"中国人"，虽然是男性的生理结构，但"那身体是瘦瘦的，软绵无力，没有肌肉……他没有胡髭，缺乏男性的刚劲"，他的身体呈现的是一种与共同体中男性形象相违背的羸弱的女性状态，而这两性之间性别的不对等，恰好印证了主人公身上男人的帽子所诠释的，她内心所驻扎的男性主体的本质。

"主我"和"客我"这两方面在没有完全呈现出来的时候，是融合在一起且不容易被察觉的。当主体通过符号行为表现出来并做出反应时，主体的这两方面才以一方的不在场而被分辨开来。对于社会正向价值观来说，被边缘化的

---

① 玛格丽特·杜拉斯：《情人》，王道乾译，上海：上海译文出版社，2014年，第14页。

反传统的打扮是不被同一体的大多数所认可的，而符号的意指过程只能是主体自身心理情境的外现，所以并没有一位人格意义上的接收者，这样行为意义本身就无法真正实现。

严歌苓的小说《白蛇》叙述了一个名叫"徐群珊"的女孩，她的自我内心深处住着一个男性角色，于是她便化作"徐群山"行走在社会中，实现梦想中的爱情。其中有一段对"他"的打扮以及心理态度的描写："第一次听人叫我大兄弟。跟'红旗'、'毛选'一样，外皮儿是关键，瓢子不论。我十九岁，第一次觉得自己身上原来有模棱两可的性别。原来从小酷爱剪短发，酷爱哥哥们穿剩的衣服是被大多数人看成不正常起码不寻常的。好极了。一个纯粹的女孩子又傻又乏味。原来我在熟人中被看成是女孩子，在陌生人中被当成是男孩子。"① 徐群珊的生理性别毋庸置疑为女性，同时也是传统社会所认可的社会性别，但于人物自我而言，她却更倾向于在"客我"中实践另一个"主我"，一个从心理上能够让其找到自我归属的性别。

事实上，"一个有机体的姿态的意义是在另一有机体的反应中发现的"②。当打扮主体没有实质上的符号意义接收者的时候，并不代表他失去了意义的完整性，而打扮主体自身恰恰是自我的第一个也是最重要的接收者。在自我欣赏的过程中，主体实现了整个符号意指的全过程，他虽然并没有一个实体意义上的对话者，却具有一个心理意义上的接收者。主体自我中的另一个"主我"对打扮主体的意义行为会产生回应，而这个行为意义却需要通过镜像实现。电影《沉默的羔羊》中有一个片段，专门叙述了具有易装癖的人物"水牛比尔"，他将女性的皮肤切割下来做成衣服，并佩以女性的妆容、假发和饰品站在镜子面前顾影自怜。"水牛比尔"以这种极端的近乎自我欣赏的方式来满足"主我"对性别错位所带来的自我认同，与该个体所呈现出的"主我"相对应。当他以男性的身份行走在社会中的时候，则是以社群统一的价值体系约束主体的"主我"，而释放"客我"，以此来实现社会中个体的角色。

---

① 严歌苓：《白蛇》，天津：天津人民出版社，2015年，第32~33页。
② 乔治·H. 米德：《心灵、自我与社会》，赵月瑟译，上海：上海译文出版社，2005年，第115页。

第八章 时代打扮与打扮消费

在消费社会的当下，人类的身体已经成为新的消费对象，正如鲍德里亚在《消费社会》中对身体消费评价的那样，"在消费的全套装备中，有一种比其他一切都更美丽、更珍贵、更光彩夺目的物品——它比负载了全部内涵的汽车还要负载了更沉重的内涵。这便是身体"①。身体已经不再是被人忽略的必然性的存在，而成为一种可以消费的商品。当然，尤其是针对女性而言，女性身体也因相对应的消费产品的泛滥，而被迫与商品形成同质化的符号网，看到商品即看到女性的身体，女性的身体也被商品所包裹。"身体与物品的同质进入了指导性消费的深层机制。"②

对化妆产品的消费，本质上就是对身体的消费，反过来身体又成为新的商品，在消费身体的过程中获得他者对自我的认可。消费时代还未到来的时候，人们为实践美丽而做出的消费尝试早已存在，生产并使用各种化妆产品，甚至不惜削骨整容。然而从本质上说，美丽消费是为了在自我所从属的社交文化圈中获得他者的认同，因而是否真正地通过化妆品消费实现美丽就不再是问题。移动社交文化的兴起为打扮消费开辟了新的方式，仪式化地选择好角度，一张美图就可以瞬间出现在朋友圈供他者欣赏。虚拟打扮消费的出现，大大降低了物质成本的投入，而秀图主体所获得的心理期待却丝毫没有削减，多媒体时代为打扮消费提供了新的消费模式。

---

① 让·波德里亚：《消费社会》，刘成富、全志刚译，南京：南京大学出版社，2000 年，第 138 页。
② 让·波德里亚：《消费社会》，刘成富、全志刚译，南京：南京大学出版社，2000 年，第 145 页。

第一节 新媒介与虚拟打扮

尽管人类的打扮史可以追溯到前文明时期，但打扮的具体类型和方式却在不同时期发生了演变，并有其特定的表现。打扮从根本上说是一种形式化的符号，正因为与其他虚拟化的符号相比具有真实存在的实体，因而人类早已将身体与打扮融为一体，没有一寸肌肤不被打扮所覆盖。无论如何改变，虽然每个时间或是空间中的打扮因处于特定的文化语境之中，而有了不一样的元素，但打扮符号的媒介仍然是身体本身，这一条件却不曾改变。随着新时期科学技术的进步，打扮媒介也进一步升级，从传统的实体媒介转入虚拟媒介之中。随之而来的是打扮符号的革新，扩大了打扮的方式和种类，打扮者获得意义的手段也发生了变化，打扮符号的发出者和接收者之间的意义关系也需要重新进行定位。所有关于人类打扮行为的新变化都源于新媒介的引入，实体打扮开始向虚拟打扮延伸。

近年来，"照骗"一词越来越成为网络的热搜，"照骗指的是图片上的人、景点、事物与现实之间的差距让人有被欺骗感觉的行为"[1]。其中，使用频率最多的语境是用以形容图片中的人物与现实中真实人物之间的巨大差距。人物"照骗效应"产生的第一步源于化妆。尽管化妆的结果是基于打扮主体自身素质而决定的，但不得不说随着各种化妆工具和手段的改进，同样可以通过化妆实现整容的效果。网络上随意搜索都可以见到关于某明星素颜的照片，没有了精致妆容的修饰和华丽装扮的陪衬，即使在平日里光鲜亮丽的明星看起来也同普通人没有差别。例如我们常见的化妆前后的对比图，可以看出经过化妆和着装打扮整个人的精神气质明显提升很多。在普通人的意识中，绝大多数明星的外形理应是完美的，但这一意识的建构恰恰是由于影视作品以及广告宣传的影响，久而久之观者将明星的形象进行"神话"，而忘记了其实他们被"神话"了的颜值背后是拥有与普通人一样的素颜。也正因如此，本来打扮之后的符号文本处于标出状态，但适用于明星身上则发生了反转，被人发现的素颜和普通着装则成了人们更加关注的焦点。

---

① http://news.hexun.com/2016-03-20/182859826_2.html.

从本质上看，"化妆修饰法"与前文明时期的打扮没有区别，仍然是作用于真实存在的实体之上的。然而，近年来伴随着互联网技术的成熟和智能移动客户端的普及，打扮的类型也发生了从实体打扮向虚拟打扮发展的趋势，伴随着这一趋势同样发生变化的还有打扮的媒介。其中，主要表现于具有美图、美颜等功能软件的使用，以及可以对图片后期进行进一步修饰的软件等。"2016年6月国内某款美图软件发布产品报告，其中提及该软件用户总数达到7.24亿人，用户遍布全球各地，日均生产照片2.1亿张。"① 例如，"美图秀秀"是一款使用比较广泛的手机图片处理软件，在获得打扮图片的过程中，软件的美化功能能够智能地识别人脸，并实现磨皮、瘦脸、祛除痘痕等功能，随之得到的是一张完美的"化妆"后的面孔。并且，它还能够根据使用者的个人需求对打扮画面进一步加工，或是瘦腰、丰胸，或是拉长双腿，或是自动显示美瞳等，实现整容都无法达到的状态。除此之外，手机应用还可根据不同的打扮主题，选择不同的打扮，并实现"二次元"和打扮人物的结合，打扮也通过该软件实现了真实与虚拟的结合。

以上所提及的打扮过程都因智能媒介而简化到动动手指就可以实现。然而，正因为这一程式化的美颜功能，大多数打扮主体的成品照片进入了程式化的模态之中：大眼睛、长睫毛、小脸、具有诱惑力的红唇等。但打扮主体却似乎对这千篇一律的面孔乐此不疲，其中的原因主要是社群视觉审美对个体审美所产生的压迫，个体在不知不觉中将自我审美向大众审美靠拢。同时，在移动社交媒体时代下所产生的移动社交文化也在不断的重复之中强化了这一审美趋势。

尽管移动社交文化下的打扮符号呈现出了从实体向虚拟偏移的趋势，但对身体审美的强调却没有因图片处理软件的存在而被弱化，从某种程度上可以说，人们对打扮的关注度反而提高了。因为个体几乎可以不费吹灰之力就使自己的形象达到理想状态，在此过程中，不同个体对身体各个部位的关注度也不尽相同，倘若个体认为自己眼睛过小，则可以选择放大眼睛；如果是脸颊过宽，则可以选择瘦脸功能。总之，身体符号在这一打扮行为之中被无形地切分开来，本来作为整体的身体符号，通过美图等应用被弱化到单一的身体部位之

---

① 刘涛：《美图秀秀：我们时代的"新身体叙事"》，载《创作与评论》，2015年12期。

上，从而实现了身体符号的重组。

是什么力量促使越来越多的人倾向于选择拟化的自我打扮，当从推动这一趋势产生的源头寻找原因。移动社交文化的建构模式与传统社交文化的建构截然不同，前者是建立在移动社交媒体平台之下的网络关系，正因如此，两种文化语境模式所对应的打扮符号也呈现出不同的形体：一个是虚拟打扮，一个是实体打扮。当然，促成虚拟性打扮风靡的主要原因同样来自"他人的注视"，"他人的目光铺设了个体行为的整体语境，一定意义上限定甚至决定了个体的行为方式。美图秀秀的出场，带着它挥之不去的资本欲望，其目的就是回应众人的目光压力问题"[1]。与此同时，移动社交媒体平台的出现为这种"注视"提供了一个新的舞台，例如推特、微博、微信等，这些可以随时通过移动客户端获得的信息平台成为秀图主体收获注视的新渠道。

移动社交文化圈在人类固有的传统社交关系之中，重新建构了一个虚拟且关系更加复杂、广泛的平台。在这一平台的框架范围之内，虚拟打扮的意义呈现出秀图主体的意向性倾向，而这恰恰就是符号学中所阐释的"区隔效应"。"区隔是意义活动的根本性特点，是意向性导致的具体操作方式，因此是符号哲学的意义理论之实现。"[2] 只有在区隔的参与下，文本才能够产生意义，因为对象需要在区隔的限定之下才能将意向性的意义呈现给接收者，任何意义的解读必然需要区隔的参与。推特、微博、微信等平台的朋友圈功能恰好就承担了区隔的作用，圈定的是虚拟打扮主体的意向性意义，以此来引导朋友圈所连接的另一端移动社交文化圈以该意义看待秀图个体。整个移动社交文化圈所表现出的是一种"互看模式"，当然，在这一模式不断重复和演绎之下，个体逐渐处于区隔之中，在观看他者的行为之中不自觉地被"他者化"。"他者化就是失去注意力，就是对自我感知的失真，就是个体与世界关系疏远。"[3] 个体主体意识的建构被"他者化"深深地影响，越来越多的个体尝试通过多媒体网络平台将虚拟打扮展示给他者，以此来收获被众人"点赞"的热度。人与人之间新的关系符号也随之产生。虚拟打扮已经不完全指示打扮本身，这一文本的"符号化"程度被加强，其所指示的意义语境也更加复杂。

---

① 刘涛：《美图秀秀：我们时代的"新身体叙事"》，载《创作与评论》，2015 年 12 期。
② 赵毅衡：《哲学符号学：意义世界的形成》，成都：四川大学出版社，2017 年，第 111 页。
③ 刘涛：《美图秀秀：我们时代的"新身体叙事"》，载《创作与评论》，2015 年 12 期。

区隔可以将意义进行分层，真实与虚构的问题重新被书写。美图软件、移动媒体平台所承担的区隔功能成为虚构存在的理由。一旦虚构曝光在真实之下，即区隔之外的非意向性意义被发现的时候，符号接收者则感知到了虚拟打扮与现实之间在认知上的不对等，"受骗"之感便由此而生。通过移动网络平台所发布的人物照片也就成为所谓的"照骗"。

从秀图主体出发，"照骗"的结果大多并非其本意，人们总是希望将自己最美好的一面呈现给他者，并引导他者以这种意识来认知主体。因而，这就需要主体与接收者之间的社会交际尽可能有限，只有这样秀图主体才能够有效地建构出理想的他者认知。例如普通人很难接触到的明星、网红以及交友平台用户等与图片接收者并不熟识的陌生人。而这些接收者与秀图主体之间的唯一交际也仅是媒体移动平台，因而接收者对文本意义的阐释完全受到秀图主体的影响。

"照骗"行为的发生是从秀图接收者出发的，源于符号接收者求"真"的意识。对"真知"的探索可以追溯到古希腊哲学家那里，但在此我们不做过多哲学上的探讨，而从符号学角度对"照骗"现象的产生进行解释。是否眼见就为"真"，"虽然此种真只是该接收者的主观判断，这个文本依然必须有满足真实意识要求的起码条件"①。此条件在很大程度上是由区隔建构出的，区隔的存在保证了接收者既有视野下的真实。然而，区隔与区隔之间并非完全割裂，一旦接收者从一个区隔进入另一个区隔之中，则会对上一个既定区隔内符号文本的真实性产生怀疑。本来在第一区隔之中的照片是接收者对图片主体认知的唯一渠道，相信此文本中含有真知，但随着第二区隔被曝光，例如媒体偷拍的明星生活照、与相亲网站上的对象进行面对面的约会等，接收者发现前后两个区隔中所呈现出的区别时，前者的"真"便被打上了"骗"的烙印，"照片"便成了"照骗"。

另外，从虚拟打扮主体出发，通过媒体移动平台秀图的行为可以有内外两个指向。向内指向秀图主体，所反映出的是内在的自恋倾向；向外则指向移动媒体社交文化圈，体现出了一种"被看"的趋势。鲁迅曾怒批国人处于一种无动于衷的"被看"状态，而现今移动网络下的人们却开始享受"被看"所带来

① 赵毅衡：《哲学符号学：意义世界的形成》，成都：四川大学出版社，2017年，第236页。

的关注。视觉化的审美需求使得越来越多的秀图接收者成为"被看"行为发生的推动者，秀图主体在"被看"的行为中获得个体在移动社交文化中所建构出的身份认知，秀图接收者在"看"的行为中实践了视觉化审美，从而强化了秀图主体的主观性意识。自我认知需要在与他者的互动行为之中被确立，移动媒体所带来的互动性平台成为个体自我认知的新途径。

　　以上分析了新媒体平台下打扮符号从真实向虚拟的发展，这些变化得益于网络平台和移动社交文化圈的普及。除此之外，打扮游戏的出现也是一种新的线上虚拟打扮模式。打扮游戏、换装游戏等是指玩家可以根据自己的喜好给人物进行打扮。图 8-1 所示是一款打扮小游戏界面，小到人物眼睛颜色，大到服饰的搭配等，玩家都可以对其进行选择。尽管打扮游戏是一类比较简单且适合儿童的益智小游戏，但却充分将符号学中的组合元素和聚合元素运用其中，这一点在第四章中已经做过详细分析，在此不做赘述。看似简单的打扮游戏本质上是一种视觉游戏，玩家将自我审美经验融入其中。与现实生活中打扮不同，虚拟网络媒介的性质并不要求玩家即打扮主体按照社会规约进行打扮。因而，从某种程度上玩家可以将真实的自我认知更加自由地投射到人物身上，玩家作为打扮符号的主体，同时也扮演了符号接收者的角色。

图 8-1　装扮游戏界面①

---

①　图片来源：http://www.7399.com/flash/126525_play.htm. 2017 年 9 月 3 日。

第二节　时尚产业与消费文化

　　1926 年经济学家乔治·泰勒（George Taylor）提出"裙长理论"（Hemline Theory），以此形象地将经济发展情况与女性裙子的长度联系在一起，并提出"女人的裙子越短，经济越景气"的观点。将"裙长理论"运用于 2008 年纽约秋/冬时装秀中，就会预测到我们正在经历着经济的萧条期，众多大品牌时装的边缘都在膝盖以下。回顾近百年来时装的发展，从文艺复兴开始到 20 世纪初，女性裙子的长度始终遮盖着双脚（如图 8-2 所示）。从 20 世纪 20 年代开始，裙子的长度随着股票市场的繁荣而越来越短。第一次世界大战后政治格局的洗牌重新带来了经济的发展，从而成就了美国历史上纸醉金迷的"黄金 20 年代"（Golden 20's）。女性的身体开始从衣服之中解放出来，曳地长裙简化到了膝盖，无袖直筒裙装更加受到新时代女性的青睐（如图 8-3 所示），"Art Deco 拼接、流光溢彩的面料、蓬茸飘逸的羽毛、下拉的腰线、摇曳的流苏裙摆，似乎都能让 20 年代摩登女郎们游走于夜生活的场景浮现眼前"[①]。电影《了不起的盖茨比》中所展现的女性打扮生动地还原了 20 世纪 20 年代的奢华（如图 8-4 所示）。伦敦维多利亚与艾伯特博物馆（Victoria & Albert Museum）的时装馆馆长索内特·斯坦费（Sonnet Stanfil）说："这十年显示出经济自由。女性甩掉了爱德华时期重重的束胸，并且裙子也第一次开始越来越短。"[②] 尽管斯坦费只是简要地将女性裙子的长短与经济自由状况相联系，其背后所显示的却是社会文化语境的变革。经济自由带动了社会诸多风气向自由方向发展，保守的穿衣、打扮模式已经无法满足人们随着经济发展而更加膨胀的自我。众所周知，1929 年的华尔街经济危机给美国乃至世界经济带来重创，而女性裙长也发生了从短到长的变化。"30 年代的裙子长度如华尔街的股票指数一样骤然下跌，中长和及踝的裙装潮流回归。"[③]（如图 8-5 所

---

　　① 裙长进化论：http://www.vogue.com.cn/invogue/industry/news _ 1915372dc5b47c24 - 3. html.

　　② Claire Brayford. The Hemline Economy. *EXPRESS*，Feb 13，2008.

　　③ 裙长进化论：http://www.vogue.com.cn/invogue/industry/news _ 1915372dc5b47c24 - 4. html. 2017 年 9 月 3 日。

示）20世纪60年代中期，时尚消费开始在第三次技术革命的带动下急速增长，迷你裙成了年轻人潮流的新指向（如图8-6所示）。90年代的超短裙映射了经济持续发展的趋势（如图8-7所示）。

图 8-2　1902 上流社会女性拍摄的照片①

图 8-3　20 世纪 20 年代时尚杂志介绍如何打造 Flapper 造型②

---

① 图片来源：http://www.vogue.com.cn/invogue/industry/news _ 1915372dc5b47c24.html. 2017 年 9 月 3 日。

② 裙长进化论：http://www.vogue.com.cn/invogue/industry/news _ 1915372dc5b47c24 - 3. html. 2017 年 9 月 3 日。

图 8-4　电影《了不起的盖茨比》中人物黛西的打扮

图 8-5　20 世纪 30 年代女性的中长裙①

---

① 图片来源：http://www.vogue.com.cn/invogue/industry/news_1915372dc5b47c24-3.html.
2017 年 9 月 3 日。

图 8-6　20 世纪 60 年流行于年轻人的迷你裙①

图 8-7　Versace 1994 秋冬系列大片②

　　长裙相比短裙所指代的意义更加保守、正式，这正是几个世纪以来东、西方女性长久以来形成的配套装扮。但随着近一个世纪经济环境的大变革，时尚文化变得更加活跃，女性裙边的时尚语言也几经调整，尽管二者的变化频率存在某种契合，但经济发展状况并非直接作用于裙长时尚，而是经济环境带动下社会文化语境的变化影响改变了时尚语境。在经济发展较为宽松的环境下，人们的打扮更加趋于自由；反之，在经济环境紧张的情况下，人们则更倾向于较为保守的打扮选择。与此同时，时尚消费的另一条规律，即"口红效应"

---

　　① 图片来源：http://www.vogue.com.cn/invogue/industry/news _ 1915372dc5b47c24-3.html.2017 年 9 月 3 日。

　　② http://www.vogue.com.cn/invogue/industry/news _ 1915372dc5b47c24-10.html.

（Lipstick Effect），也为我们研究打扮文化与经济语境以及社交文化关系提供了切口。

"口红效应"是由全球最大的护肤、化妆品及香水公司雅诗·兰黛（Estee Lauder）集团的前任执行总裁莱纳德（Leonard Lauder）根据其公司产品在2008年的销售情况所提出的假设①，即在经济不景气的时候，女性更倾向于在化妆品上投入更多的金钱②。虽然莱纳德提出口红的销量在经济发展受限的情况下呈现出明显提升，但事实上"口红效应"的适用范围远不止于化妆产品，具体来说应当为"轻奢品"（affordable luxury）。此概念中"奢侈"并非单纯指奢侈品，而是在经济不被看好的情况下所能用以娱乐消费的产品，考虑到经济现状，这些小小的满足也成为可实现的"奢侈"。

主体在时尚消费的时代中早已习惯了文娱产品所建构出的符号价值。人类对存在感知进行意义解释的方式即符号化，这也是把握经验的基本方式。文化娱乐消费在时尚消费时代中已经成为不可替代的精神必需品，这一地位的建构正是在经济发展情况下人们逐渐养成的一种消费习惯。本来在生活链条上，除去吃穿住行等基本的物质生活必需品，文娱消费是可有可无的存在，然而，一旦这根链条由于经济语境的改善而被植入了精神文化消费的需求，则很难再将这根链条打破。时尚消费符号的建构就是在偶然的介入和潜移默化的影响之中形成的，一种消费习惯形成就是在不断的重复之中强化该消费符号所携带的意义。"无意义的经验让人恐惧，而符号化能赋予世界给我们的感知以意义。"③因而，即使处于经济环境下滑的环境之中，个体仍然不会放弃精神在精神消费上的投资，尽管无法负担起昂贵的衣服、饰品以及旅行等消费，但个体依然会尝试选择相对廉价的替代品，从而不至于放空精神消费符号所占据的位置。随着消费品符号化的趋势，商品本身所带来的意义已经远远超出了物质享受的程度，而呈现出精神意义获得的层次。

"口红效应"对化妆产品的青睐并不是偶然，这是与男女两性在文化史上

---

① Kayleen Schaefer, Hard Times, but Your Lips Look Great. *The New York Times*. May 1, 2008.

② SE Hill, Boosting Beauty in an Economic Decline: Mating, Spending, and the Lipstick Effect, *Journal of Personality & Social Psychology*, 2012, 103（2），p. 275.

③ 赵毅衡：《符号学：原理与推演》，南京：南京大学出版社，2011年，第33页。

的标出性状态相关联的。前面的章节中针对性别标出已有详细的分析，在此不做赘述。现代文明中女性通过各种打扮来增加自身的标记，文明将女性变成了标出符号，以此来获得自身在男性视野中的突出地位。尤其在经济下滑的环境中，女性需要化妆产品来提升自身的吸引力。有些心理学家认为此种行为是女性为了吸引具有足够资源的男性目的下生成的。"在进化史中，我们人类祖先时不时会陷入饥荒状态。这种状态从基因上塑造了人类在困难时期寻找伴侣的习性。"[①] 化妆产品能够更加经济且有效地提升女性的吸引力，从而在同性竞争之中标出。

生活在现代性影响下的一代人，更需要现代社会给予精神存在上的安全感。但事实上，晚期现代社会所面临的危机是任何人无法预测的，这种现实的不确定性与精神上寻求安全感之间的矛盾成为现代人焦虑的原因。经济环境的动荡使得个体业已建构出的心理安全机制遭受重创，"人类在其早期生活中所习得的日常惯例以及熟稔掌握这些惯例的形式，不仅仅是人们针对给定的他人与客观世界的调适模式，而且是在情感上对'外在世界'这一现实的接受"[②]。如果对"外在世界"的接受无法符合心理预期，即面对日益符号化的社会无法进行确定性的选择，个体则陷入存在性焦虑之中。焦虑并非恐惧，恐惧是存在具体恐惧的对象，克服该对象就能够化解恐惧，而焦虑则是处于一种无目的的游离状态。为了改善或者摆脱符号泛滥所带来的"弥散性焦虑"状况，个体可以选择"依附于一些物件、特质或情景"[③]，例如在紧张焦虑的状态下有人会不自觉地玩弄手指、头发，或者无目的地玩手机、刷朋友圈等。手指、头发、手机、朋友圈等都承担了替代性符号选择的作用。通过这些行为，主体暂时将焦虑搁置，"对于一个思索的主体，它们是虚幻的，但是替代选择提供的满足，却是即刻有效：'此刻如何生活'的选择，代替了制度问题、思想问题、哲学

---

① Raj Persaud，Esther Rantzen. *The Lipstick Effect—How Recessions Reveal Female Mating Strategy*. HUFFPOST 02 August 2013. http://www. huffingtonpost. co. uk/dr-raj-persaud/lipstick-effect-female-mating-strategy ＿ b ＿ 3363955. html.

② 安东尼·吉登斯：《现代性与自我认同：晚期现代中的自我与社会》，夏璐译，北京：中国人民大学出版社，2016 年，第 39 页。

③ 安东尼·吉登斯：《现代性与自我认同：晚期现代中的自我与社会》，夏璐译，北京：中国人民大学出版社，2016 年，第 41 页。

问题甚至终极价值问题"①。

　　经济焦虑给个体所带来的是对未来发展方向的不确定性。化妆产品等时尚、娱乐消费恰恰是转移"弥散性焦虑"的一种方式。或许个体并未察觉出机体对轻奢品的依赖，但却在无意识的状态下将自我暂时抛入轻奢品所带来的欢愉之中，焦虑通过确定性的符号进行化解。文化娱乐消费下符号泛滥所带来的焦虑需要宣泄，女性青睐于使用化妆产品等填补内心的符号空缺，而男性则倾向于选择竞技游戏等。这也解释了为什么在总体经济下滑的情况下，化妆品、电影、竞技体育等文娱行业反而呈现出逆转的态势。简单来说，人们需要为经济流失所造成的精神符号空缺寻找替代品。

---

① 赵毅衡：《符号学：原理与推演》，南京：南京大学出版社，2011年，第376页。

结　语

　　人类的打扮，可以被看作人类文明中最早的文化物质形式之一，是记录人类历史和文明的符号。它不仅反映人类的图腾、文身、面妆、服装饰品等视觉身体装饰的物质载体，更承载了不同历史时期人类的思想观念、意识形态、制度形式等精神文化层面的书写。所以，打扮文化不仅是关于打扮技巧和打扮表现方式，而且还是"渗透于各个时代人们心理情感、主观意愿、社会习俗、道德风尚和审美情趣之中、并逐渐积淀而成的一种观念，是一种反映社会成员普通心理和民族精神实质的文化形态"①。从文化意义上看，与其说打扮为人类审美外化提供了必要的物质载体，不如说为人类文化和文明的传承提供了良好的范本。精神文化依托于物质文化而存在，而物质文化脱离了精神文化的附着便失去实体的存在意义。从二者相互依存的关系上看，物质成果的造就必然凝聚着人类智慧的思索，所以在某种程度上，打扮艺术的精神抽象价值远远高于其作为物质形式的有形价值。

　　纵观人类文明史，"色彩"从来都是最为闪光的一部分，从某种程度上可以说，人类打扮史就是文明史的一个缩影。而这一点列维－斯特劳斯在《忧郁的热带》中已经做过详尽的描述："似乎整个文明都蓄意强烈热衷于喜爱生命所展现的颜色、特质与形状，而且为了把生命最丰富的特质保存于人体四周，便采用展现生命面貌的各项特质之中那些最能持久的，或是最易消逝却又刚好很巧的又是最宝贵的部分。"②。

　　当代小说、电影艺术是真实性和虚构性这两种艺术特质的集合，真实性来源于大众艺术对大众文化的还原式呈现，艺术终归是对现实世界的模仿；而虚

---

① 林少雄：《中国服饰文化的深层意蕴》，载《复旦学报》（社会科学版），1997年第3期。

② 列维－斯特劳斯：《忧郁的热带》，王志明译，北京：生活·读书·新知三联书店，2000年，第260页。

构性则是艺术媒介所特有的性质。在对生活进行还原的同时，小说和电影成为传达作者和导演理想型生活和人物的最好平台，虚构框架下的真实恰恰最能打动人心。打扮作为人物塑造的首要途径，往往是作者和导演着重强调的元素，但读者和观众在注重故事情节发展的过程中，却不易察觉隐含作者为塑造人物所做出的努力。所以，将打扮作为研究的出发点，从文化符号学角度探究其符号所蕴含的人本以及社会文化意义具有必要性。与此同时，小说、电影中所存在的真实性和虚构性的二元特质，使得读者和观众在有所共鸣的基础上可以深刻地感知到背景文本中的主体自我和文化语境内涵；其对虚构语境中的打扮有所呈现的同时，也为读者和观众反观既存时代和社会中的自我状态和文化语境提供了可能性。

正如罗兰·巴尔特所说："符号学研究的目的在于，按照一切结构主义活动的方案，建立不同于语言结构的意指系统之功能作用。"① 虽然对服装的研究离不开经济学和社会学理论，但符号学"只研究：在时装的哪一个语义系统层次上，经济学与社会学和符号学发生了关联"②。对具体的经济学和社会学理论并不着重涉及，符号学研究可以根据打扮符号叙述背后既存的社会文化语境，对打扮符号的具体意指方式和文化意涵有更加深刻的了解。

人类的意识化打扮与动物生理条件式的信号化反应具有本质上的区别，打扮意识本质上具有创造性，这也决定了这种创造性思维的成果只有人类的意识能够实践，动物的"打扮"化的行为并不能被称为严格意义上的打扮。打扮符号建构的各个元素（对象、代表项、解释项）在最终符号意义的生成中都具有各自的作用，整个打扮行为的完成若缺少任何一个元素都不可能称之为打扮。打扮的文化符号表意的组成部分，在整个符号体系之中又可分为组合轴单元和聚合轴单元。双轴呈现是整个打扮符号体系的基础，而在时间和空间作用下宽幅和窄幅的呈现也是打扮受文化语境影响的表现之一。当打扮突破了规约化的束缚，而呈现出主体的一种自我享受状态的时候，打扮的社会化属性则越来越向艺术属性靠拢，与此相伴随的则是意义阐释的多义性，这也是打扮在文化历史语境中发展变化的一个规律。

---

① 罗兰·巴尔特：《符号学原理》，李幼蒸译，北京：中国人民大学出版社，2010年，第59页。
② 罗兰·巴尔特：《符号学原理》，李幼蒸译，北京：中国人民大学出版社，2010年，第60页。

　　通常意义上，打扮被第一时间看作社会规约作用下的产物，打扮主体的意识往往在社会语境中被边缘化甚至被忽略不计。事实上，当从文化符号学的角度将打扮作为艺术符号纳入考虑的对象中时，打扮的意义阐释就离不开主体自身的意识。虽然不可否认打扮主体在很大程度上受制于社会规约，并无意识地对自我进行包装，但主体作为打扮符号的发送者，会对意图意义的形成指明指指方向，而这对打扮符号接收者的阐释提供了阐释方向，所以对打扮主体自我的探究对于符号本身原初意义的把握具有至关重要的作用。

　　传统上，人们对身体的关注总是处于被边缘化的地位，"身体作为关注的对象，会被表象性地外化为单纯的生理物质（即'死的东西'，'尸体'）；与之相反，内在的精神却常常被认为是充满生机与活力的"①。所以，传统理论中对打扮的关注也总是一种外在形式上的疏离性注意，将其与人类的精神自我进行割裂。更有学者会将"人类的身体视为单纯的'物质实体'"②。事实上，它作为外在的表象，是个体自我精神和意识的外现，从符号学的角度来看，这正是打扮的物质形态在主体和他者之间建构出一座有形的意义桥梁，主体的自我外现以及个体与社会之间的关系，无外乎是通过这座有形之桥延伸出的一座无形的意义和精神之桥。

　　打扮符号受到文化语境的影响，表意方式也随之改变，然而主体的内在自我却是在显性外在符号表意下较为隐秘的符号指指。打扮不仅是日常生活中的一部分，也是艺术的一种呈现方式。打扮主体的自我和身份与打扮符号本身是相似又排斥的关系，社会规约下的身份要求打扮的呈现与身份一致，但这并不能表示打扮主体对此的认同；对于非认同那部分，主体则呈现出较为自我的一面。将主体性别与打扮传统规约作用下的措置作为着重分析的对象，在此种情况下打扮与文化语境的关系达到了极端的脱离状态，社会性别在打扮上的反转也正暗示了当代人体打扮与传统规约之间所存在的罅隙，以及打扮主体越发在这隐性的罅隙中找到了自我的立足之地。总之，对个人主体自我的重视在当代

---

　　① 参见马克思·霍克海默尔与西奥多·阿多尔诺：《启蒙辩证法》，约翰·卡明（John Cumming）译，纽约：肯特纽姆出版社，1986年，第232、233页，转引自：理查德·舒斯特曼：《身体美学与自我关怀：以福柯为例》，选自《身体意识与身体美学》，北京：商务印书馆，2011年，第44页。

　　② 理查德·舒斯特曼：《身体美学与自我关怀：以福柯为例》，选自《身体意识与身体美学》，北京：商务印书馆，2011年，第45页。

人类打扮中越发扮演重要的角色，与之相应的打扮的规约符号化的力量则越来越弱。

打扮作为社会非语言交际符号的一种，其传达的意义信息远比言语丰富，而且具有延伸交流的特性，打扮者的自我和身份以及社会价值观等都可以通过打扮得到延伸。小说、电影艺术中塑造的形形色色的人物，他们的各种风格打扮的变换或是叙述主体对操控主流的既定社会话语权的言说，都是艺术形式中对社会不可想象的大胆诠释。随着移动媒体平台的流行，打扮更是成为一种虚拟的时尚，打扮消费开始突破实体的化妆产品消费而走向更加直接的文化娱乐消费阶段。"特定时代和特定文化中的符号使用者会对某一类事物表现出尤其浓厚的兴趣，因为这些事物通过隐喻能指或隐喻所指的某些特征连接着整个符号社团的集体价值取向。"① 可以说，打扮是人的符号，更是社会的符号。

---

① 丁尔苏：《重建隐喻与文化的联系》，载《外国语言文学》，2009 年第 4 期。

参考文献

Н. И. 克留科夫斯基，1989. 人是美的［M］. 刘献洲，等译. 北京：国际
　　文化出版公司.

安德烈·埃尔博，2013. 阅读表演艺术——提炼在场主题［J］. 吴雷，译. 符
　　号与传媒，4（7）：164－176.

安东尼·伯吉斯，2011. 发条橙［M］. 王之光，译. 南京：译林出版社.

安东尼·吉登斯，2016. 现代性与自我认同［M］. 夏璐，译. 北京：中国人
　　民大学出版社.

奥德丽·尼芬格，2007. 时间旅行者的妻子［M］. 夏金，译. 北京：人民文
　　学出版社.

柏拉图，2013. 会饮篇［M］王太庆，译. 北京：商务印书馆.

保罗·利科，2004. 活的隐喻［M］. 汪堂家，译. 上海：上海译文出版社.

波德莱尔，1987. 波德莱尔美学论文选［G］. 郭宏安，译. 北京：人民文学
　　出版社.

波德里亚，2000. 消费社会［M］. 刘成富，全志钢，译. 南京：南京大学出
　　版社.

布洛克，1991. 作为中介的美学［M］. 罗悌伦，译. 北京：生活·读书·新
　　知三联书店.

查尔斯·特勒，2001. 自我的根源：现代认同的形成［M］. 韩震，王成兵，
　　乔春夏，李伟，等译. 南京：译林出版社.

陈凯歌，1993. 霸王别姬，中国.

陈思，2015. 环境改变动物色彩［J］. 大科技（百科新说），10（11）：17－17.

陈炎，2012. 文学艺术与语言符号的区别与联系［J］. 文学评论，54（6）：
　　180－187.

陈中庚, 1986. 试论人格心理及有关的某些概念 [J]. 北京大学学报（哲学社会科学版）, 32 (4)：28−51.

程同春, 2005. 非语言交际与身势语 [J]. 外语学刊, 20 (2)：35−38.

达德利·安德鲁, 2013. 经典电影理论导论 [M]. 李伟峰, 译. 北京：世界图书出版公司.

戴平, 1994. 中国民族服饰文化研究 [M]. 上海：上海人民出版社.

希波吕忒, 丹纳, 1994. 艺术哲学 [M]. 傅雷, 译. 北京：人民文学出版社.

丹尼尔·贝尔, 1989. 资本主义文化矛盾 [M]. 赵一凡, 蒲隆, 任晓晋, 译. 北京：生活·读书·新知三联书店.

德斯蒙德·莫利斯, 2010. 裸猿 [M]. 何道宽, 译. 上海：复旦大学出版社.

邓启耀, 2005. 着装秘语——中国民族服饰文化象征 [M]. 成都：四川人民出版社.

狄德罗, 2008. 狄德罗美学论文选 [G]. 张冠尧, 桂裕芳, 译. 北京：人民文学出版社.

丁尔苏, 2009. 重建隐喻与文化的联系 [J]. 外国语言文学, 26 (4)：217−288.

丁尔苏, 2011. 符号学与跨文化研究 [M]. 上海：复旦大学出版社.

东野圭吾, 2008. 白夜行 [M]. 刘姿君, 译. 海口：南海出版公司.

段成式, 1981. 酉阳杂俎 [M]. 北京：中华书局.

恩斯特·贡布里希, 1999. 艺术的故事 [M]. 范景中, 译. 北京：生活·读书·新知三联书店.

恩斯特·卡西尔, 2004. 人论 [M], 甘阳, 译. 上海：上海译文出版社.

范景华, 2005. 追求生存自由的社会性动物——关于人的本质问题的思考 [J]. 南开学报, 51 (4)：19−25.

菲尔迪南·德·索绪尔, 1999. 普通语言学教程 [M]. 高名凯, 译. 北京：商务印书馆.

弗拉基米尔·纳博科夫, 2005. 洛丽塔 [M]. 主万, 译. 上海：上海译文出版社.

高国藩, 1986. 敦煌民间少女妆扮风俗 [J]. 东南文化, 2 (2)：110−114.

高小康, 2003. 时尚与形象文化 [M]. 天津：百花文艺出版社.

高宣扬, 2010. 罗兰·巴特文化符号论的重要意义——纪念罗兰·巴特诞辰

95 周年和逝世 30 周年 [J]. 探索与争鸣，26（12）：9−13.

格雷马斯，2005. 论意义：符号学论文集 [G]. 冯学俊，吴泓缈，译. 天津：
　　百花文艺出版社.

格罗塞，1984. 艺术的起源 [M]. 蔡慕晖，译. 北京：商务印书馆.

龚鹏程，2005. 文化符号学导论 [M]. 北京：北京大学出版社.

顾正阳，金靓，2008. 异域留香：论古诗词中打扮文化的翻译策略 [J]. 上海
　　大学学报（社会科学版），25（5）：75−80.

何成洲，2010. 巴特勒与表演性理论 [J]. 外国文学评论，24（3）：132−143.

何潇，2008. 魏晋南北朝妇女装饰审美研究 [D]. 成都：四川师范大学.

何一杰，2013. 嗅觉通感的视听传达──以电影《香水》为例 [J]. 符号与传
　　媒，4（7）：56−64.

胡凌，2011. 种族打扮──菲利普·罗斯小说《人性的污点》族裔研究 [D].
　　南京：南京大学.

华梅，1995. 人类服饰文化学 [M]. 天津：天津人民出版社.

黄能馥，1998. 龙袍探源 [J]. 故宫博物院院刊，40（4）：25−30.

贾峰，2014.《红楼梦》服饰话语研究 [D]. 南京：南京大学.

贾樟柯，2013. 天注定，中国.

蒋凯，2001. 化妆上瘾是一种病 [J]. 心理世界，9（2）.

金荣华，2006. 丑女大翻身，韩国.

卡尔·雅斯贝尔斯，2008. 时代的精神状况 [M] 王德峰，译. 上海：上海译
　　文出版社.

克莱夫·贝尔，1984. 艺术 [M]. 周金环，等译. 北京：中国文联出版公司.

克劳德·列维−斯特劳斯，1989. 结构人类学：巫术、宗教、艺术、神话
　　[M]. 陆晓朱，黄锡光，等译. 北京：文化艺术出版社.

克里斯·巴克，2013. 文化研究理论与实践 [M]. 孔敏，译. 北京：北京大
　　学出版社.

克洛德·列维−斯特劳斯，2008. 面具之道 [M]. 张祖健，译. 北京：中国
　　人民大学出版社.

雷蒙·威廉斯，2000. 文化分析 [G]//文化研究读本. 北京：中国社会科学
　　出版社.

黎继明，1995. 整容，中国.

李桂秋，1986. 歌舞艺术片的化妆造型体会 [J]. 电影艺术，31（7）：61-63.

李芽，2008. 汉代化妆文化综述 [J]. 戏剧艺术，31（6）：100-106.

李幼蒸，2006. 理论符号学导论 [M]. 北京：中国人民大学出版社.

李约拿，1985. 电影的虚构与虚假 [J]. 电影艺术，30（11）：63-64.

理查德·舒斯特曼，2007. 生活即审美：审美经验和生活艺术 [M]. 彭锋，
译. 北京：北京大学出版社.

理查德·舒斯特曼，2011. 身体意识与身体美学 [M]. 程相占，译. 北京：
商务印书馆.

列维-斯特劳斯，2000. 忧郁的热带 [M]. 王志明，译. 北京：生活·读
书·新知三联书店.

林爱华，2014. 整容日记，中国.

林少雄，1997. 中国服饰文化的深层意蕴 [J]. 复旦学报（社会科学版），63
（3）：62-68.

刘涛，2015. 美图秀秀：我们时代的"新身体叙事" [J]. 创作与评论，30
（12）.

刘雅祺，2007. 文化消费的符号学解读 [J]. 中南大学，硕士论文.

刘知萌，2015. 反性别装扮、女性化书写到人性化历史书写——《色·戒》小
说电影比较研究 [J]. 视听，10（2）：128-129.

卢卡奇，1986. 审美特性（第一卷）[M]. 北京：中国社会科学出版社.

罗刚，刘象愚，2000. 文化研究读本 [G]. 北京：中国社会科学出版社.

罗刚，王中忱，2000. 消费文化读本 [G] 北京：中国社会科学出版社.

罗兰·巴尔特，1999. 神话——大众文化诠释 [M]. 许蔷蔷，许绮玲，译.
上海：上海人民出版.

罗兰·巴尔特，2000. S/Z [M]. 屠友祥，译. 上海：上海人民出版社.

罗兰·巴尔特，2008. 符号学历险 [M]. 李幼蒸，译. 北京：中国人民大学
出版社.

罗兰·巴尔特，2010. 符号学原理 [M]. 李幼蒸，译. 北京：中国人民大学
出版社.

罗兰·巴特，2011. 流行体系：符号学与服饰符码 [M]. 敖军，译. 上海：

上海人民出版社.

马林诺斯基，2002. 文化论 [M]. 费孝通，译. 北京：华夏出版社.

马西莫·莱昂，2013. 从理论到分析：对文化符号学的深思 [J]. 钱亚旭，译. 符号与传媒，4（7）：110−123

玛格丽特·杜拉斯，2005. 情人 [M]. 王道乾，译. 上海：上海译文出版社.

玛格丽特·杜拉斯，2006. 中国北方的情人 [M]. 施康强，译. 上海：上海译文出版社.

玛丽−劳尔·瑞安，2014. 故事的变身 [M]. 张新军，译. 南京：译林出版社.

梅吉奥，2005. 列维·斯特劳斯的美学观 [M]. 怀宇，译. 天津：天津人民出版社.

宁会霞，2009. 化妆的作用和目的 [J]. 东方艺术，30（1）：139.

牛犁，2011. 六朝文学中的服饰文化研究——以士人服饰为例 [D]. 无锡：江南大学.

诺伯特·威利，2011. 符号自我 [M]. 文一茗，译. 成都：四川教育出版社.

诺斯吉·莱姆，列维−斯特劳斯的美学观 [M]. 怀宇，译. 天津：天津人民出版社.

诺斯罗普·弗莱，2002. 批评的剖析 [M]. 陈慧，袁宪军，吴伟仁，译. 天津：百花文艺出版社.

欧文·戈夫曼，1989. 日常生活中的自我呈现 [M]. 黄爱华，冯钢，译. 杭州：浙江人民出版社.

彭兆荣，2004. 文学与仪式 [M]. 北京：北京大学出版社.

齐奥尔特·西美尔，2001. 时尚的哲学 [M]. 费勇，译. 北京：文化艺术出版社.

钱锺书，1991. 围城 [M]. 北京：人民文学出版社.

乔安尼·恩特维斯特尔，2005. 时髦的身体 [M]，郜元宝，等译. 桂林：广西师范大学出版社.

乔治·H. 米德，2008. 心灵、自我与社会 [M]. 赵月瑟，译. 上海：上海译文出版社.

邱忠鸣，2012. 时尚梅花妆：中古中国女性面妆研究札记一则 [J]. 艺术设计学院，21（3）：38—40.

让·米特里，2012. 电影美学与心理学 [M]. 崔君衍，译. 南京：江苏文艺出版社.

R. W. 康奈尔，2003. 男性气质 [M]. 北京：社会科学文献出版社.

莎列芙斯卡娅，1985. 热带非洲面具 [J]. 张荣生，译. 美苑，6（2）：49—52.

尚玉昌 1990. 行为生态学（二十四）：动物的信号 [J]. 生态学杂志，9（9）：67—70.

邵森永，1998. 化妆观念的转变 [J]. 广东艺术，6（4）：37.

申丹，2008. 何为"隐含作者"？[J]. 北京大学学报（哲学社会科学版），54（2）：136—145.

史忠义，2014. 符号学的得与失——从文本理论谈起 [J]. 湖北大学学报（哲学社会科学版），41（4）：8—13.

舒赫米娜，1958. 舞台打扮 [J]. 中国戏剧，6（1：）：36—38.

斯台芬·茨威格，2007. 一个陌生女人的来信 [M]. 张玉书，译. 上海：上海译文出版社.

宋俊华，2011. 中国古代戏剧服饰研究 [M.] 广州：广东高等教育出版社.

苏珊·朗格，1983. 艺术问题 [M]. 北京：中国社会科学出版社.

苏珊·朗格，1986. 情感与形式 [M]. 刘大基，傅志强，译. 北京：中国社会科学出版社.

苏童，2015. 红粉 [M]. 重庆：重庆大学出版社.

孙机，1984. 唐代妇女的服装与化妆 [J]. 文物，34（4）：54—68.

谭永利，2016. 当代文化政治语境下的身体范畴研究 [J]. 国外文学，36（3）：1—9.

唐青叶，2015. 身体作为边缘群体的一种言说方式和身份建构路径 [J]. 符号与传媒，6（10）：53—64.

唐小林，2014. 文学艺术当然是符号：再论索绪尔的局限——兼与陈炎先生商榷 [J]. 南京社会科学，25（1）：138—144.

唐小林，2013. 构建符号帝国：赵毅衡的形式-文化论及其意义 [J]. 当代文坛. 32（5）：28—30.

唐自杰，1993. 论人和动物心理的区别和联系 [J]. 重庆师范学院学报（自然科学版），10（2）：19—23.

佟新，2005. 社会性别研究导论 [M]. 北京：北京大学出版社.

王安忆，2003. 长恨歌 [M]. 海口：南海出版公司.

王红，2004. 浅谈舞台与电视化妆、装饰的不同 [J]. 黄梅戏艺术，24（3）：52.

王家卫，2000. 花样年华，中国.

王静，2014. 民国上海电影女明星服饰形象研究 [D]. 上海：东华大学.

王沫，2010. 文身及其历史溯源探析 [J]. 苏州工艺美术职业技术学院学报，8（2）：43—46.

王熙鹭，2014. 浅谈舞台妆与生活妆的区别 [J]. 戏剧丛刊，25（6）：58.

王岳川，2001. 中国镜像 [M]. 北京：中央编译出版社.

威廉·燕卜荪，1996. 朦胧的七种类型 [M]. 周邦宪，等译. 杭州：中国美术学院出版社.

温德尔，2008. 大众传播模式论 [M]. 祝建华，译. 上海：上海译文出版社.

吴娴，2004. 媒介与装饰行为 [D]. 上海：上海戏剧学院.

肖繁荣，杨灿朝，史海涛，2015. 动物的伪装方式 [J]. 四川动物，34（6）：955—960.

幸洁，王千钧，2011. 论化妆仪式：阿尔莫多瓦电影中的身份和性别表演 [J]. 江苏经贸职业技术学院学，27（5）.

徐家华，1994. 生活的面具——化妆美学简论 [J]. 戏剧艺术，17（1）：30—42.

徐江南，2014. 苏童《红粉》意象的符码解析 [J]. 安庆师范学院学报（社会科学版），33（3）：101—105.

徐静蕾，2000. 一个陌生女人的来信，中国.

徐一青，张鹤仙，1988. 信念的活史：文身世界 [M]. 成都：四川人民出版社.

许慎，1978. 说文解字 [M]. 北京：中华书局出版.

许星，2001. 中外女性服饰文化 [M]. 北京：中国纺织出版社.

延保全，2011. 宋金元戏曲化妆考略 [J]. 戏剧艺术，34（1）：19—27.

严歌苓，2015. 白蛇 [M]. 天津：天津人民出版社.

严泽胜，2004. 朱迪·巴特勒：欲望、身体、性别表演 [J]. 外国理论动态，

13（4）：38—44.

颜湘君，2007. 中国古代小说服饰描写研究［M］. 上海：上海书店出版社.

杨锦芬，2013. 论空符号的在场形式［J］. 符号与传媒，4（2）：32—42.

杨鹃国，2000. 符号与象征——中国少数民族服饰文化［M］. 北京：北京出版社.

尤瓦尔·赫拉利，2014. 人类简史：从动物到上帝［M］. 林俊宏，译. 北京：中信出版社.

张爱玲，1997. 倾城之恋［M］. 广州：花城出版社.

张爱玲，2006. 半生缘［M］. 北京：北京十月文艺出版社.

张爱玲，2009. 红玫瑰与白玫瑰［M］. 广州：花城出版社.

张田勘，2011. 动物世界"美男横行"［J］. 今日科苑，15（22）：55—56.

张颖，2003. 唐诗中女性服装和化妆［J］. 广州大学学报（社会科学版），2（11）：22—25.

张月华，1996. 化妆与京剧化妆艺术［J］. 戏曲艺术，63（1）：63—65.

赵泓森，2014. 戏曲脸谱化妆对人物形象塑造的影响［J］. 大舞台，57（4）：9—10.

赵毅衡，1988. 新批评文集［G］. 北京：中国社会科学出版社.

赵毅衡，1990. 文学符号学［M］. 北京：中国文联出版公司.

赵毅衡，2004. 符号学文学论文集［G］. 天津：百花文艺出版社.

赵毅衡，2007. 两种经典更新与符号双轴位移［J］. 文艺研究，29（12）：4—10.

赵毅衡，2008. 文化符号学中的"标出性"［J］. 文艺理论研究 29（3）：1—12.

赵毅衡，2009. 符号学文化研究：现状与未来趋势［J］. 西南民族大学学报（人文社科版），31（12）：171—172.

赵毅衡，2009. 重访新批评［M］. 天津：百花文艺出版社.

赵毅衡，2010. 艺术"虚而非伪"［J］. 中国比较文学，27（2）：21—31.

赵毅衡，2011. 符号学：原理与推演［M］. 南京：南京大学出版社.

赵毅衡，2011. 理据滑动：文学符号学的一个基本问题［J］. 文学评论，53（1）：153—158.

赵毅衡，2011. 修辞学复兴的主要形式：符号修辞［J］. 文艺理论，54（1）：109—115.

赵毅衡，2014. 回到皮尔斯 [J]. 符号与传媒，5（9）：1-12.

赵毅衡，2015. 华夏文明的面具与秩序——读《陇中民俗剪纸的文化符号学解读》[J]. 丝绸之路，(2)：38-39.

赵毅衡，2015. 论人类共相 [J]. 比较文学与世界文学，4（1）：30-38.

赵毅衡，2016. 文化：社会符号表意活动的集合 [J]. 社会科学战线，39（8）：147-154.

赵毅衡，2016. 形式之谜 [M]. 上海：复旦大学出版社.

赵毅衡，2017. 哲学符号学：意义世界的形成 [M]. 成都：四川大学出版社.

郑天喆，2009. 从身体存在论证看笛卡尔的身体观 [J]. 黑龙江社会哲学，20（1）：24-27.

中共中央马克思恩格斯列宁斯大林著作编译局，1963. 马克思恩格斯全集（第20卷）[G]. 北京：人民出版社.

中共中央马克思恩格斯列宁斯大林著作编译局，1995. 马克思恩格斯选集（第2卷）[G]. 北京：人民出版社.

中国社会科学院语言研究所词典编辑室，2005. 现代汉语词典（第五版）[M]. 北京：商务印书馆.

周健，2010. 舞台灯光下的打扮 [J]. 艺术研究，13（2）：28-29.

周丽平，2008. 医疗整形"热浪"背后的伦理探索 [J]. 中国集体经济，24（4）：195-196.

周锡保，1984. 中国古代服饰史 [M]. 北京：中国戏剧出版社.

周孝麟，2003. 迈克尔·杰克逊"变脸"后的思考 [J]. 医学美学美容，12（6）：84-85.

周韵，2008. 时尚文化的符号学解读——以女性化妆品广告为例 [D]. 广州：暨南大学.

朱迪斯·巴特勒，2009. 性别麻烦——女性主义与身份颠覆 [M]. 宋素凤，译. 上海：上海三联书店.

朱耀平，2014. 自我、身体与他者——胡塞尔"第五沉思"中的交互主体性理论 [J]. 南京社会科学，15（8）：61-66.

左宁，胡鸿保，2010. "表演"的跨学科比较——试析戈夫曼、特纳及鲍曼的表演观 [J]. 贵州大学学报（社会科学版），28（3）：82-86.

ALISON L，1998．The language of clothes ［M］．Philadelphia：University of Pennsylvania Press．

AMELIA J，2006．A companion to contemporary art since 1945 ［M］．New Jersey：Wiley-Blackwell．

ANNE E L，AMY D，2007．Reply：tattoos and body piercing ［J］．Journal of the American academy of dermatology，56（2）：349．

ANNE F，2009．Coco avant chanel，France．

ANNE H，1961．Seeing through clothes ［M］．New York：Putnam．

Armstrong ML，et al．，1975．Contemporary college students and body piercing ［J］．Adolescent health，35（1）：58—61．

AROLA A，KAZADZIS S，et al．，2013．Self-assessment of attractiveness of persons with body decoration ［J］．Journal of comparative human biology，64（4）：317—325．

ARONOFSKY，2010．Darren．Black Swan，USA．

BAZL，2013．The great gatsby，USA．

BLAKEM，1998．Body adornment kit ［M］．Rochester，Vt．：Park Street Press．

Coe，KATHRYN C，MARY P H，BLAIR V，1993．Tattoos and male alliances ［J］．Human nature，4（2）：199—204．

DAVIDF，2006．The devil wears prada，USA．

DAVIDF，2011．The girl with the dragon tattoo，USA，Sweden．

DAVID．WG，1919．Broken blossoms，USA．

GARRYM，2004．The princess diaries，USA．

GARRYM，1989．Pretty woman，USA．

JAMIEU，1989．The gods must be crazy，South Africa．

JAYME REBECCA J，2009．Convention cosplay：subversive potential in anime fandom ［D］．Vancouver：The University of British Columbia．

JOANNE E，2000．The fashioned body：fashion，dress and modern social theory ［M］．Cambridge：Polity Press．

JOHN B，1979．Looking ［M］．New York：Random House．

JOHN LANGSHAW A，1962. How to do things with words [M]. Oxford：Oxford University Press.

JOHN RS，2002. Consciousness and language [M]. England：Cambridge University Press.

JOHNW，1997. Face/Off，USA.

JYOTI D，2016. Indian tribal ornaments：a hidden treasure [J]. Journal of Environmental Science，(10)：1-16.

KAJAS，1993. The subject of semiotics [M]. New York：Oxford University Press.

LAWRENCE L，1959. The importance of wearing clothes [M]. New York：Hastings House.

LAYLEEN S，2008. Hard times，but your lips look great [M]. The New York Times. May 1.

LEE A，2005. Brokeback mountain，USA.

LLEWELLYNN，2000. Some thoughts on primitive body decoration [J]. Postcolonial Studies，3 (3).

LLIDAL，2011. The iron lady，UK.

MARCEL D，2006. Clothing：semiotics [J]. Encyclopedia of language & linguistics (second edition)，39 (3) ：495-501.

MARTIN B，1992. Scent of a woman，USA.

MAXO，1948. Letter from an unknown woman，USA.

McNeil D. 1998. The face [M]. Boston ：Little，Brown and Company.

MICHAEL B，2014. Transformers：age of extinction，USA.

NANCY E，1999. Survival of the prettiest：the science of beauty [M]. New York：Doubleday Publishing.

NAOMIW，1992. The beauty myth：how images of beauty are used against women [M]. New York：Anchor Books.

NICOLLE L，2010. Stranger than fiction：fan identity in cosplay [J]. Transformative works & cultures，7.

PAUL A，2012. Resident evil：retribution，USA.

PAUL C, LITZA J, 1997. Introducing semiotics [M]. Cambridge: Totem Books.

RAJ P, ESTHER R, 2013. The lipstick effect-how recessions reveal female mating strategy [Z]. HUFFPOST, 02 August.

RAYMONDW, 1985. Keywords: a vocabulary of culture and society [M]. Oxford: Oxford University Press.

RICHARD S, 2008. Body consciousness: a philosophy of mindfulness and somaesthetics [M]. New York: Cambridge University Press.

ROBR, 2010. Flipped, USA.

ROBERT B, 1979. The decorated body [M]. New York: Harper & Row.

ROBERTZ, 1993. Forrest gump, USA.

ROLAND B, 1960. The fashion system [M]. New York: Hill and Wang.

ROLAND B, 2006. The language of fashion [M]. Translated by ANDY S. Oxford: Oxford University Press.

RUFUS C. C, 1997. Return of the tribal: celebration of body adornment, piercing, tattooing, scarification, body painting [M]. Rochester, Vt. : Park Street Press.

RUTH PR, 2001. Dress and fashion [G] //International encyclopedia of the social & behavioral sciences.

SARAH E H, CHRISTOPHER D R, VLADAS G, et al. , 2012. Boosting beauty in an economic decline: mating, spending, and the lipstick effect [J]. Journal of personality & social psychology, 103 (2): 275-291.

STANLEYK, 1971. A clockwork orange, UK, USA.

THEAS, 2016. Me before you, UK, USA.

TOMH, 2015. The danish girl, USA, UK.

TRACEYW, AMELIA J, 2000. The artist's body [M]. London: Phaïdon Press Limited.

WENDY C, 1971. Hair: sex, society, symbolism [M]. New York: Stein and Day.

WENDY C. 1986. Beauty secrets [M]. Boston : South End Press.

WILLIAM E, 1949. Seven types' of ambiguity [M]. London: Chatto and Windus.

后 记

选择"打扮"作为研究对象并非偶然，我早在入门符号学研究之前已对此颇感兴趣，幸而接触到符号学理论，能够将之前零散的想法进行系统的整合。此书写成历时两年，对于撰写如此长篇幅、专业性的文字我没有太多经验，期间吾师赵毅衡先生从选题、框架结构以及最终定稿都给予了极大的帮助，对此我的感激之情并非"谢谢"二字可以言尽。

师从赵门，三生有幸。从 2014 年进入四川大学，我就开始正式接触符号学研究，成为"四川大学符号学－传媒学研究所"的一员，并有幸参与了诸多活动和会议。符号学在中国的发展也因西部符号学派的崛起而蒸蒸日上，由四川大学符号学－传媒学研究所主办的双语学术刊物《符号与传媒》（CSSCI 来源集刊）更是汇集了国内当下最具影响力的符号学研究成果。与大家的著作相比，此书未免还有诸多有待改进之处。加之时光荏苒，先前所思忖的想法，诉诸笔头或许也已不是什么新颖的观点，但这却是我真真切切地观察、思考后所得，所以也并不遗憾。至少经过符号学理论的锤炼，前几年琐碎的想法有了一个合理的归宿。

在撰写的过程我越发感受到，"符号学"在方法论意义上的指导作用并非简单的"形式论"三字所能概括。从"文学"到"文化"，再到人类全部的"意义"活动，符号学为我提供了一个全新的理解方式。这本书是我之前研究的终点，同时它也是一个新的起点。

吾师说过："人生有涯，能做好一件事就不容易。"在这个多元化的时代里，我恰恰是那种一时间能做且只能做一件事情的人，惭愧，惭愧。但想到先生的教导，便也安心。个人精力不济，因而十分感激许多老师的谆谆教导，包括陆正兰老师、唐小林老师、谭光辉老师、彭佳老师等。没有大家的指引，我也只能是生活中的幻想者，幸而"站在巨人的肩膀上"，幻想于我则更加真实、可识。

贾　佳
2017 年 10 月